Kaveh Ostad-Ali-Askari
Majedeh Haeri-Hamedani
Hossein Gholami

Polimer wzmocniony włóknem w inżynierii środowiska

Kaveh Ostad-Ali-Askari
Majedeh Haeri-Hamedani
Hossein Gholami

Polimer wzmocniony włóknem w inżynierii środowiska

Wydawnictwo Bezkresy Wiedzy

Imprint

Cover image: www.ingimage.com

Publisher:
Wydawnictwo Bezkresy Wiedzy
is a trademark of
International Book Market Service Ltd., member of OmniScriptum Publishing Group
17 Meldrum Street, Beau Bassin 71504, Mauritius

Printed at: see last page
ISBN: 978-620-0-81032-8

Tytuł książki:

Polimer wzmocniony włóknem w inżynierii środowiska

Autorzy:

Kaveh Ostad-Ali-Askari1*, Majedeh Haeri-Hamedani2, Hossein Gholami3

1 Stypendium doktoranckie, Wydział Inżynierii Wodnej, College of Agriculture, Isfahan University of Technology, Isfahan, Iran,*

Kod pocztowy : 8415683111.

2Water Engineering Department, College of Agriculture, Isfahan University of Technology, Isfahan, Iran. Kod pocztowy : 8415683111.

3D Wydział Inżynierii Lądowej, Isfahan (Khorasgan) Oddział, Islamski Uniwersytet Azad, Isfahan, Iran.

***Korrespondencja do:**
Dr Kaveh Ostad-Ali-Askari, doktorat.
Stypendium podoktoranckie, Wydział Inżynierii Wodnej, Kolegium Rolnictwa, Uniwersytet Techniczny w Isfahanie, Isfahan, Iran. Poczta .
Kod: 8415683111. Email: kaveh.oaa2000@gmail.com

2020

Spis treści

Perface

Irańska Agencja Ochrony Środowiska, za pośrednictwem szeregu swoich krajowych laboratoriów badawczych, publikuje kilka stosunkowo krótkich dokumentów, które przygotowują aktualne dane na temat aktualnego stanu informacji o ocenie miejsc środowiskowych i remediacji zanieczyszczonej gleby i wód gruntowych. Wiele z tych dokumentów stało się klasyką i jest szeroko cytowanych w procedurze oceny miejsca ekologicznego i remediacji. Inne, podobnie cenione prace nie wykazały, na ile zasługują na uwagę. Przez wiele lat zbierałem te szczegóły z Laboratorium Badań Środowiskowych EPA, Laboratorium Procesów Monitorowania Środowiska i Laboratorium Inżynierii Danger Decrease, i zdarzyło mi się, że dobrze by było, gdyby udało się je uzyskać w odpowiedniej formie do szerszego zastosowania. Ten potencjał, Sourcebook Inżynierii Środowiska EPA, kończy prace i biuletyny, które koncentrują się na remediacji zanieczyszczonych gleb i wód gruntowych. Companionable capacity, EPA Environmental Evaluation Sourcebook, podsumowuje dokumenty, które koncentrują się na postępowaniu z zanieczyszczeniami i procedurze transportu oraz modelowaniu i opisywaniu i sprawdzaniu miejsc środowiskowych.

Podziękowanie

Badania te były wspierane przez Uniwersytet Technologiczny w Isfahanie. Dziękujemy wszystkim autorom, którzy dostarczyli wgląd i wiedzę, które bardzo pomogły w badaniach.

Inżynieria środowiska

Streszczenie:

Inżynieria środowiskowa to system technologii pracy, który wykorzystuje szerokie spektrum zagadnień metodologicznych, takich jak chemia, biologia, ekologia, geologia, hydraulika, hydrologia, mikrobiologia i matematyka do tworzenia rozwiązań, które zachowają, a także zwiększą bezpieczeństwo stworzeń nawykowych i zmienią modalność warunków. Inżynieria środowiska jest podsystemem inżynierii lądowej i chemicznej. Inżynieria środowiskowa jest podejściem technologicznym i inżynieryjnym mającym na celu poprawę i utrzymanie obwodu w celu: utrzymania bezpieczeństwa antropomorficznego, utrzymania dyspozycji użytecznych ekosystemów oraz lepszego powiązania ze środowiskiem modalności siedlisk ludzkich. Inżynierowie ochrony środowiska planują objaśnienia dotyczące organizacji ścieków, kontroli zanieczyszczeń wody i powietrza, ponownego przetwarzania, usuwania odpadów i dobrobytu publicznego. Planują oni obywatelskie źródła wody i schematy postępowania ze ściekami produkcyjnymi oraz strategie projektowe mające na celu zatrzymanie chorób wodnych i odzyskanie czystości w mieście, na wsi i w strefach rozrywkowych. Oceniają programy organizacji ryzykownych odpadów, aby ocenić stopień zagrożenia, ukierunkować działania i represje oraz opracować zasady postępowania w celu powstrzymania katastrof. Wykorzystują zasady inżynierii środowiskowej, tak jak w przypadku pomiaru wpływu planowanych programów budowlanych na środowisko. Inżynierowie ochrony środowiska badają wyniki badań naukowych nad sytuacją, odnosząc się do lokalnych i uniwersalnych kwestii środowiskowych, takich jak kwaśne deszcze, globalne ocieplenie, redukcja ozonu, zanieczyszczenie wody i powietrza przez spaliny samochodowe i bazy produkcyjne.

Słowa kluczowe:

Inżynieria Środowiska, Zanieczyszczenia, Ścieki, Zanieczyszczenia, Woda.

Rozdział 1 : Wprowadzenie

Podstawowym jest zarys idei równowagi zasobów i energii jako instrumentu przemyślanych procedur środowiskowych i rozwiązywania problemów inżynierii środowiska. Innym tematem jest koncepcja łatwości utrzymania, i zajmuje się tematami utrzymania wody, minimalizacji ilości błota w przewodnictwie wodnym, przewodnictwa lądowego ścieków, fortyfikacji warstwy ozonowej (**Mackenzie L. Davis; David A, 2008**). Inżynieria środowiskowa zazwyczaj bierze pod uwagę automatyczne urządzenia wymagane do przygotowania satysfakcjonującej sytuacji - termicznej, fotograficznej i akustycznej w konstrukcji. Jednakże, na coraz wyższym poziomie, inżynieria środowiskowa staje się coraz bardziej precyzyjna i obejmuje wszystkie funkcje ergonomiczne, takie jak higiena, transport, urządzenia elektryczne, pokrycie konstrukcji, projekt przestrzeni, kolor itp. To wszystko jest powodem, który do niedawna oznaczał całkowicie autonomiczne dyscypliny. Stopień, w jakim ciepło jest wytwarzane w organizmie, zależy prawie całkowicie od ruchu i tylko w bardzo niewielkim stopniu od temperatury otoczenia. Znajomość tego tempa tworzenia się ciepła jest niezbędna do zajęcia obciążenia chłodniczego w kompaktowo wyposażonych obiektach, takich jak teatry. Podstawowym pytaniem, na które należy odpowiedzieć, jest pytanie, jakiego rodzaju środowiska potrzebują ludzie dla dobrego samopoczucia. Dobre samopoczucie w tej inteligencji jest związane z ciepłem, światłem i dźwiękiem, a nie z przestrzenią, wyglądem czy estetyką. Istoty antropologiczne są biegłe w istnieniu w zagrażających życiu okolicznościach ciepła i zimna poprzez różnicę w ubiorze i zamieszaniu. Ale w zwykłym środowisku o stosunkowo nieruchomych wartościach odzieży i rozsądnym działaniu, tylko drobna różnica temperatur jest zadowalająca dla komfortu.

Ideologie Inżynierii Środowiska są planowane do rozwoju w zakresie wstępnej inżynierii środowiska dla uczonych drugiego stopnia lub młodszych. Niniejszy manuskrypt zawiera informacje na temat ważnej wiedzy i ideologii inżynieryjnej w zakresie inżynierii środowiska dla naukowców, którzy mogą lub nie mogą zostać inżynierami ochrony środowiska. Ideologie mają większe znaczenie dla wartości technicznych, moralności i bezpieczeństwa, a mniej uwagi poświęca się planom inżynierskim. W manuskrypcie naukowcy są narażeni na wiele różnych tematów związanych z ochroną środowiska - ponad organizacją zagrożeń, jakością wody i postępowaniem, zanieczyszczeniem powietrza, odpadami niebezpiecznymi, odpadami stałymi i promieniowaniem jonizującym, a także na dyskusję na temat związanych z tym zasad i zastosowań. W manuskrypcie stosuje się również równowagę ciała i energii jako instrument do rozważenia procedur środowiskowych i rozwiązywania problemów inżynierii środowiskowej. To nowatorskie wydanie kończy rozdział poświęcony biologii, jak również dogłębne zapoznanie się z wartościami środowiskowymi i rozmowę o tym, jak te wartości są kształtowane (Davis M, 2013).

Przegląd do Inżynierii Środowiska, zawiera ważną wiedzę i wartości inżynieryjne wymagane dla sekwencji wstępnych i stosowane jako podstawa dla bardziej progresywnych sekwencji w inżynierii środowiska. Dzięki najnowszym zasadom EPA, Davis i Cornwell wykorzystują postrzeganie zrównoważonego rozwoju oraz równowagi zasobów i energii jako zasobów rozważnych i rozwiązujących problemy inżynierii środowiskowej. Wartości i prawa są najbardziej aktualne i znane w rękopisie inżynierii środowiskowej (Mackenzie Davis i David Cornwell, 2012).

Do tej pory istniał znaczny rozziew pomiędzy wyrafinowanym znaczeniem zmiany dobrego samopoczucia i korzyścią wynikającą z hipotetycznych finansów dobrego samopoczucia a doraźnymi metodami doświadczalnymi stosowanymi przez niektórych badaczy w celu odgadnięcia okoliczności, w których rozwój środowiska zatrzymał się na kontroli zanieczyszczenia powietrza i wody. W tym rękopisie Freeman łączy tę lukę ze zjednoczonym teoretycznym działaniem idei asystentów i metod doświadczalnych odpowiednich do ich wymiaru. Określa on metody przybliżania wielu form substancji pomocniczych, pokazuje, jak są one związane z podstawowym modelem ekonomiczno-politycznym, a także rozważa niektóre z wad i trudności w stosowaniu tych metod. Model indywidualny-preferencyjny jest stosowany jako wskaźnik, w przeciwieństwie do którego hipotetyczna zdolność doświadczalnych metod przybliżania może zostać ograniczona. Freeman zawiera metodyczne badanie, w jaki sposób można zastosować powiązania pomiędzy zapotrzebowaniem na rzeczy społeczne a rzeczami odizolowanymi w celu wyprowadzenia teoretycznie kompleksowych szacunków pomocy z wyników rynkowych. Omawia również metody nierynkowe, takie jak recenzje i gry licytacyjne. Przy bezstronnej obsłudze wybiera odpowiednią metodę dla konkretnego ustalenia; Freeman bada te metody, które mają solidne podstawy doświadczalne (Freeman, A.M. III, 1979).

Fotokatalityczny ruch dwutlenku mikro- i nano-tytanowego (TiO2) został wykorzystany do znaczącego odzyskania utraconych kompetencji wielu zanieczyszczeń, zarówno w zakresie działania wody, jak i kontroli zanieczyszczeń powietrza. Badane są instrumenty pozbawiania zanieczyszczeń nanocząsteczek TiO2, a jego odrębne własności związane są z mikro-mikroskopowym TiO2 w destylacji powietrza i przewodnictwie wody (Kwon S, 2008).

Informacje kinetyczne uzyskane z badań mikrotermograwimetrycznych i badań urządzeń bez spadku potwierdzają, że odmienne molekularne konstrukcje wyrobów z tworzyw sztucznych biorą pod uwagę odmienne instrumenty reakcji rozkładu termicznego, odmienne szybkości reakcji i odmienne zależności szybkości rozkładu od temperatury. Z tego wynika, że stopniowa piroliza kombinacji tworzyw sztucznych wydaje się być racjonalna tam, gdzie nierównomierne mechanizmy mieszaniny są pirolizą w różnych temperaturach. W celu osiągnięcia stopniowej pirolizy w skali warsztatowej zaawansowana została kaskada dobrze stymulowanych reaktorów, w których mieszanie wypełnień reaktora odbywa się poprzez socjalizację zakresów ze stali nierdzewnej. Uzyskuje się warunki do odchodzenia od tworzyw sztucznych izolowanych metodą stopniowego rozkładu termicznego kombinacji poli(chlorku winylu), polistyrenu i polietylenu. W pierwszym etapie chlorowodór z poli(chlorku winylu) jest nieskończony, w drugim etapie kształtuje się styren z polistyrenu, a w trzecim etapie uwięzione są alifatyczne mieszanki z rozkładu polietylenu. Zmiany w termicznym pozbawieniu pojedynczych polimerów i kombinacji polimerów, np. w pozornych energiach początkowych i cechach przedeksponentnych, bada się za pomocą kombinacji i mieszanin polietylenu i polistyrenu (Bockhorn H, 1999).

Rozwój środowiska naturalnego jest multidyscyplinarnym gruntem otaczającym między innymi biologię, inżynierię, topografię, dyscypliny ziemskie i kształtowanie krajobrazu. Jest on odpowiedni dla naukowców wszystkich szczebli, specjalistów i ogólnych studentów wchłoniętych w doskonałość środowiska (Ortolano, L. , 1984).

Wzorce geologiczne w zakresie inżynierii środowiska (EEGP) to szeroko rozpowszechnione pojawienie się geologii środowiskowej inżynierskiej z fortyfikacją fitosanitarnych właściwości wód jako zasadniczych, szczególnie w usuwaniu części o delikatnej sytuacji eko-geologicznej. W zależności od narzędzia rozwoju EEGP w kopalniach, w celu zapewnienia obustronnych korzyści pomiędzy obroną właściwości wód leczniczych a złym traktowaniem zasobów węgla, niniejsze opracowanie oferuje technikę podziału na strefy dla EEGP (Liu S, 2019).

Sztuczne sieci neuronowe (ANN) to dobrze zorganizowane urządzenia do modelowania wieloaspektowych, nieliniowych procedur z nieokreślonymi modelami energetycznymi. Początkowo ANN były używane jako rzeczywiste prognostykowanie różnych procedur z wymaganiem statycznym na danych wejściowych i wyjściowych. Chociaż w przypadku gdy ANN musi być wykorzystana do zobrazowania szacunkowego modelu zależnej od czasu relacji wejście-wyjście, istotne jest, aby przedstawić konsekwencje czasowe jako część ANN, poddając się budowie dynamicznej ANN lub DNN. Ocena ta rozpoczyna alternatywy regularnych i różnicowych form DNN, ich dokładne sformułowanie, jak również podejście do regulacji wag sieci. Cechy DNN stymulują ich zastosowanie do oznaczania dynamiki procedur oczyszczania. Ocena ta wyszczególnia nowe wyniki na żądanie DNN dotyczące modelowania i kontroli systemów oczyszczania opartych na procedurach biologicznych lub chemicznych. Zdefiniowane jest twierdzenie DNN dotyczące niektórych publicznych sposobów postępowania ze ściekami, zanieczyszczoną glebą i atmosferą. Główne korzyści wynikające z zastosowania szacunkowego modelu opartego na DNN w miejsce schematu wielowymiarowego dokładnego wyjaśnienia każdego postępowania są badane w sytuacji atrakcyjnej skuteczności postępowania oczyszczającego. Ocena ta wysoko ocenia również zdumiewającą skuteczność DNN jako podstawowego narzędzia do modelowania i kontroli rozmieszczenia przewodów. W ostatniej części przeglądu przedstawiono wiele otwartych stref badawczych, w których można zgłaszać DNN do schematów oczyszczania w zależności od postępowania biochemicznego i chemicznego (Poznyak A, 2019).

Inżynieria środowiskowa (EE) ukazuje zmitologizowany udział w życiu współczesnych społeczeństw. Zauważ, że celem EE jest obrona istoty antropologicznej przed wrogimi posiadaczami zanieczyszczeń, a następnie zróżnicowanie wniosków EE wynika z polityki składowania odpadów kompaktowych, wrażenia dotyczące zdrowia publicznego, polityki powtórnego przetwarzania, a także gubernatora ds. zanieczyszczenia wody, gleby i powietrza (Monier i in., 2018; Samarasinghe, 2016a).

Główna odpowiedzialność EE polega na planowaniu działań odstraszających mających na celu uniknięcie ogłaszania materiałów zanieczyszczających w środowisku (Nemerow, Agardy, & Salvato, 2009; Reible, 2017). Pozytywnym wynikiem takich trudności w pracy jest dogłębna informacja o chemikaliach i cechach biologicznych ewentualnych zanieczyszczeń. Ponadto empatia w zakresie produkcji lub/i opłacalnych procedur, które mogą prowadzić do ogłoszenia takich niepożądanych odpadów (De Nevers, 2010; Rao, 2007).

Jeśli zanieczyszczenie nie zostało zakazane, dokładne wykrycie zanieczyszczeń (nawet jeśli mają one niewielkie znaczenie dla odmiany μg/L lub ng/L) powinno być mierzone jako główne zadanie w strefach EE. Skutecznym celem niebezpiecznych materiałów może być domniemane odkładanie obecności zanieczyszczeń (Boyce i in., 2008; Kwon, Fan, Cooper, & Yang, 2008; Ottosen, Chris- tensen, Rörig-Dalgaard, Jensen, & Hansen, 2008). Dane te są wymagane w celu projekcji zdarzeń ekstensyfikacyjnych, które powinny zostać przeprowadzone w celu poprawy, na ile to możliwe, wellness pretensjonalnego miejsca.

Projekt, rozwój i ocena metod technicznych i planów naukowych w zakresie usuwania zanieczyszczeń opisują ostateczne obowiązki w ramach korekty EE (Pavel & Gavrilescu, 2008). W ostatnim okresie zaplanowano kilka metod degradacji wielkiego zbioru zanieczyszczeń, które zostały ukształtowane albo przez możliwe do uzyskania kursy praktyczne (odpady przemysłowe) albo przez wielkie węzły ludzkie (nieużytki obywatelskie) (Suthersan, Horst, Schnobrich, Welty, & McDonough, 2016). W tym momencie różnorodność zanieczyszczeń nie była tak istotna, a ich konstrukcje chemiczne były dobrze rozpoznawane. Chociaż obecne testy eliminacji zanieczyszczeń z zanieczyszczonych gleb, form wodnych i cieków wodnych są coraz bardziej skomplikowane (Shannon i in., 2010), jak wynika z tych informacji, pojawienie się nowych upraw do użytku przemysłowego, handlowego, a nawet krajowego, przedstawiło nadzwyczajne testy wyborów w zakresie oczyszczania, licząc wymóg pojawiających się wzajemnych podejść, które mogą obejmować szerszą gamę kombinacji zanieczyszczeń.

Opracowanie bardziej klasycznych materiałów stosowanych w codziennym życiu zwiększyło obecność bardziej wielopłaszczyznowych mieszanin zanieczyszczeń w pozostałych strumieniach wody, brudnych glebach i atmosferze (Cheng, 2017). Obecna lista pojawiających się i ważnych zanieczyszczeń we wszystkich działaniach na rzecz ochrony środowiska na całym świecie kumuluje się. Ponadto, komunikacja pomiędzy materiałami w zanieczyszczonym miejscu może prowadzić do powstania nowych zanieczyszczeń, które nie pozostały bez związku z fundacją unikalnych zanieczyszczeń (Oulton, Kohn, & Cwiertny, 2010; Wert, Rosario-Ortiz, Drury, & Sny- der, 2007). Obecnie, ostrożna część tych zanieczyszczeń montowanych w samochodach nie jest dobrze rozumiana. Co więcej, nie ma silnej wskazówki, jak radzić sobie z ich skutkami.

Trudna trudność w eliminacji zanieczyszczeń zainteresowała pojawienie się nowych podejść do działań. Metody takie zostały zaplanowane z myślą o rozwiązaniu konkretnych faz procesu rafinacji. To wyróżnienie zainteresowało pierwszą organizację podejść do postępowania. Następnie, główne podejścia mają bezstronne podejście do eliminacji zanieczyszczeń niezatapialnych, podejścia wtórne zostały zaplanowane w celu rozkładu biologicznie dostępnych zanieczyszczeń i trzeciorzędnych zachowań mających na celu wyeliminowanie zanieczyszczeń rozpuszczalnych, które mogą być ledwo trawione przez mikroorganizmy. Obecnie ta naiwna organizacja nie działa, ponieważ w nowych instrukcjach projektowych dotyczących prowadzenia pociągów zmierzono potrzebę połączenia różnych działań (niezależnie od powyższej organizacji) w celu wyeliminowania obszernej lekcji o zanieczyszczeniach. W dwóch ostatnich okresach kumuluje się ilość prezentacji edukacyjnych prezentujących niezwykłe kompetencje w zakresie eliminacji zanieczyszczeń, które zależą od niekonwencjonalnego połączenia indywidualnych układów zachowania (Ledakowicz, Michniewicz, Jagiella, Stufka-Olczyk, & Martynelis, 2006; Nam, Rodriguez, & Kukor, 2001; Poznyak & Araiza G, 2005).

Wśród bardzo zróżnicowanych alternatyw podejść do wspólnego działania, wniosek o biodegradację (Kumar, Sivagurunathan, Park, & Kim, 2015 r.) i procedury chemiczne zwiększyły dbałość o różne zbiory badawcze, ponieważ zdolność do adaptacji zanieczyszczeń, które mogą być oddzielone przez odpowiednią mieszaninę tych podejść. Z jednej strony, wśród przyszłych kursów biodegradacji stosowanych w eliminacji wieloaspektowych kombinacji zanieczyszczeń, ciemna fermentacja (Gadhe, Sonawane, & Varma, 2015; Khongk- liang, Kongjan, Utarapichat, Reungsang, & Sompong, 2017), aerobowe rozcieńczanie, fotofermentacje (Ghosh, Dairkee, Chowdhury, & Bhattacharya, 2017; Laurinavichene, Tekucheva, Laurinavichius, & Tsygankov, 2018) oraz zróżnicowane fermentacje kwasowe ujawniły lepsze kompetencje. Z drugiej strony, prośba o różne podstawy chemiczne doprowadziła do zaproponowania fotolizy (Fatta-Kassinos, Vasquez, & Kümmerer, 2011; Méndez-Arriaga, Gimenez, & Esplugas, 2008), katalizy, jak również fotokatalizy (Sanches et al, 2011; Shemer & Linden, 2007), ozonowanie (Beltrán, García-Araya, Rivas, Alvarez, & Rodríguez, 20 0 0; Poznyak, Manzo, & Mayorga, 2003), Fenton (Beltrán, González, Ribas, & Alvarez, 1998; Goi & Trapido, 2004), działania o charakterze elektrochemicznym i ich prawdopodobne mieszaniny jako główne plany prowadzenia działalności chemicznej (Poznyak A, 2019).

Co istotne, prawdopodobne powództwa zbiorowe stosujące odszkodowania obu rodzajów procedur, biologicznych i chemicznych, mogą być oceniane w kategoriach pozbawienia wielorakich, niesfornych, szkodliwych, a nawet trujących mieszanek, takich jak fenole (Kessy, Wang, Zhao, Zhou, & Hu, 2018;

Rueda-Márquez, Sillanpää, Pocostales, Acevedo i Manzano, 2015; Silva, Nouli, Xekoukoulotakis i Mantzavinos, 2007; Silva, Coelho i Araújo, 2018; Yang i in., 2018), barwniki (Brindha, Muthuselvam, Senthilkumar, i Rajaguru, 2018; GilPavas, Dobrosz-Gómez, i Gómez-García, 2018; Zieli ´nska, Grzechulska, Kale ´nczuk, i Morawski, 2003), bisfenole (Garcia-Becerra i Or- tiz, 2018; Lobos, Leib i Su, 1992; Pahigian i Zuo, 2018), wielopierścieniowe węglowodory aromatyczne (Agrawal, Shrivastava i Verma, 2019; Chávez i in., 2019; Rivas, 2006), związki aromatyczne (Fuchs, Boll, & Heider, 2011; Li i in., 2019; Pastore i in., 2018), i kilka innych (Poznyak A, 2019).

Korzyści płynące z zastosowania biologicznych i chemicznych zachowań do degradacji zanieczyszczeń zostały osiągnięte przy zastosowaniu doświadczalnych uwarunkowań badawczych w popularnych na wymienionych kierunkach edukacji. Ostatnio, na prośbę uczestników projektu doświadczalnego, usystematyzowano asortyment badanych cech na planie postępowania (Droste & Gehr, 2018). Podpiszcie, że ta ogólna ocena proponuje liczne nowe wsparcie dla dodania chemicznych i biologicznych działań na rzecz eliminacji wieloaspektowych i toksycznych kombinacji zanieczyszczeń. W zależności od konsekwencji kompetencji pozbawienia, powierzchownej odpowiedzi (lub podobnej) można obronić żądanie statycznych zdarzeń optymalizacyjnych, prowadzących do znalezienia klasy poprawy nieregularności biologiczno-chemicznego zachowania zbiorowego. Wszechstronna empatia biochemicznych lub chemicznych instrumentów reagowania wymaga jednak dodatkowego wysiłku sugerującego wymóg obliczenia różnicy czasowej uwagi zanieczyszczeń (liczenie produktów ubocznych ukształtowanych wzdłuż odpowiedzi), jak również sugestii i uwierzytelnienia spójnego modelu (strukturalnego lub nie). Podstawy biochemii i chemii mogą być wykorzystane do określenia dobrze uzasadnionych modeli matematycznych ocenianego postępowania (biologicznego lub chemicznego). Istnieją niezwykłe przypadki modeli matematycznych, które wyjaśniają, w jaki sposób zanieczyszczenia reagujące z enzymami mikrobiologicznymi lub odczynnikami chemicznymi, kształtowały zauważone produkty uboczne lub nawet w większym stopniu gromadziły ostatnie mieszanki kabli reakcji. Jednak tylko kilka z nich zostało całkowicie uwierzytelnionych, ponieważ duża liczba ograniczeń (zazwyczaj współczynniki odpowiedzi) chciała opisać model pod względem zmierzonych różnic badawczych zanieczyszczeń, jak również ich produktów ubocznych. Tak więc, wykazanie procedury oczyszczania, zależnej od procedur biologicznych lub chemicznych, było cechą stymulującą w EE (Gao & You, 2015; Garcia-Becerra & Ortiz, 2018; Kessy i in, 2018; Lobos et al., 1992; Pahigian & Zuo, 2018; Rueda-

Márquez et al., 2015; Silva et al., 2007; Silva et al., 2018; Valdramidis et al., 2005; Yang et al., 2018; Young, 1998).

Pojawienie się wieku zależnego od komputera może zastąpić demonstracyjną misję złożonych schematów. Tak zwana demonstracja nieparametryczna wydawała się zastępować szacunkowe, oparte na danych, przedstawianie dynamiki wewnętrznej dla wielu różnych rzeczywistych schematów. Te niesparametryzowane modele wykorzystywały pewne doświadczalne skojarzenia między danymi wejściowymi i wyjściowymi pewnego schematu w trakcie edukacji. Te relacje różnią się od siebie jeszcze mapami pomiędzy danymi wejściowymi i wyjściowymi w oparciu o procedury dokumentacji parametrycznej liniowej, takie jak metoda najmniejszego średniego kwadratu z jej poszczególnymi alternatywami (Newton-Euler Miyamoto, Kawato, Setoyama, & Suzuki, 1988, Levenberg-Marquardt Kermani, Schiffman, & Nagle, 2005, itp.)). Taki plan wystawienniczy zwiększył atrakcyjność dla publiczności technicznej ze względu na jego użyteczność i łatwość obsługi. W zależności od filozofii estymacji, zaplanowanej i rozwiniętej w ostatnim stuleciu, odmienne, nieparametryczne plany demonstracji pomogły w opisaniu map wejściowo-wyjściowych schematów z nieokreślonymi modelami. Schematy te miały bardzo różną naturę licząc mechaniczną, elektryczną, biologiczną, chemiczną i tak dalej (Haykin, 1994).

W modelu szacunkowym poszukiwano asortymentu użytecznej - przestrzennej (niezmierzonej - pomiarowej przestrzeni Hilberta) podstawy wyróżniającej doskonałość modelu niesparametryzowanego (Kasabov, 1996). Różne fundamenty wyznaczonej przestrzeni Hilberta interesowały sugestię różnorodnych modeli modelowania liczących reprodukcje zależne od modelu rozmytego, estymację Waveleta (Adamowski i Chan, 2011), Legendre poli- nalne reprezentacje zależności i tak dalej (Samarasinghe, 2016a). Wśród tych podejść zaplanowano również przedstawienie celów sigmoidalnych jako podstawy szacowanej przestrzeni, jako możliwego sposobu eksponowania schematów nieokreślonych. Podobieństwo formy celu esicy i hipotetycznej dynamiki odpalania komórek neuronowych zainteresowało zarysem terminologii sztucznych sieci neuronowych (ANN). Co więcej, zespół materii neuronowej interesował grupę celów esicy w różnych topologiach, prowadząc do tzw. wielowarstwowych ANN (Dowla & Rogers, 1995). Co więcej, niespójność elektrofizjologii neuronów - cele logiczne na końcu wykorzystały sugestię nowych ANN, które mogą rozwiązać szacunkowe modelowanie schematów wielo-wejściowych/multi-wyjściowych z nieokreślonymi makietami. Wszystkie te cechy promowały wniosek ANN jako główny wybór przy opracowywaniu modeli szacunkowych (Hamed, Khalafallah i Hassanien, 2004). Obecnie makiety oparte na danych zależą od ANN i są narażone na wiele różnych trudności technicznych i technicznych (Samarasinghe, 2016b). W dwóch ostatnich okresach nowe paradygmaty zastosowań ANN (Längkvist, Karlsson i Loutfi, 2014; Miotto, Wang, Wang, Jiang i Dudley, 2017; Sheela i Deepa, 2013) zainteresowały odnowioną uwagę na pojawiające się bardziej progresywne topologie (Baker, Gupta, Naik, i Raskar, 2016; Hunter, Yu, Pukish III, Kolbusz, i Wilamowski, 2012; Rojas, 2013), schematy silniejszych algorytmów wiedzy (Glorot i Bengio, 2010; Le i in., 2011), bardziej dobrze zorganizowane oprogramowanie i twarde aplikacje (Misra i Saha, 2010; Ovtcharov i in., 2015; Pershin i Di Ventra, 2010) oraz odkrycie nowych pól składania wniosków (Deng, Yu i in., 2014; Ji, Xu, Yang i Yu, 2013). Filozofia głębokiej wiedzy (Deng i in., 2014; LeCun, Bengio, & Hinton, 2015) powstała jako korekta bilansująca standardowe formuły dla podstaw ANN (Karayiannis & Venetsanopou- los, 2013). Głęboka wiedza uciskała wiele cech typowych dla ANN oraz wielowarstwowych topologii (Bengio, Goodfellow, & Courville, 2015; Schmidhuber, 2015), które mogą być w pełni powiązane lub nie (Ciresan, Meier, Masci, Gambardella, & Schmidhuber, 2011; Hertz, 2018; Larsson, Maire, i Szakhnarovich, 2016; Sama- rasinghe, 2016a), wstępne przetwarzanie warstw wejściowych z nieliniowymi procesami pomiędzy znakami wejściowymi (oraz renomowanymi procedurami konstytucyjnymi) (Xu, Ren, Liu, i Jia, 2014), z reakcją międzywarstwową (procedury regularne) (Lipton, Berkowitz i Elkan, 2015), konstrukcje inspirowane biologicznie z myślą o budowaniu tkanek neurologicznych jako prototypy (kolce ANN, długo- i krótkoterminowe wspomnienia itd.) (Buice & Chow, 2013; Hsieh & Tang, 2012; Kar, 2016; Yang, Zhu, Yuan i Meng, 2011) oraz ogromny paralelizm (podstawy neuronowe i stopniowane ANN dla określenia niektórych z nich) (Behler, 2015). Większość z tych alternatyw ANN sugeruje dowodzenie podejścia obliczeniowego w celu rozwiązania dużego zestawu trudności, takich jak organizacja projektu, przewidywanie sekwencji czasu (Khashei i Bijari, 2010), optymalizacja (Chandrasekaran, Muralidhar, Krishna, & Dixit, 2010), informacje zależą od demonstracji (Liao, Chu, & Hsiao, 2012; Suzuki, 2011) i mimowolnych regulatorów (Suykens, Vandewalle, & de Moor, 2012) jako najbardziej publicznych instancji.

ANN znany jest jako główny instrument w różnych biotechnologicznych procedurach - bez logiki. Zdolności ANN do oznaczania względnych statków pomiędzy wejściami i wyjściami są niezwykle cenione ze względu na trudności w połączeniach chemicznych i biochemicznych. Nieparametryczne ustalenia dotyczące demonstracji zależą od ANN i mogą powiązać różnicę okoliczności procesowych z konsekwencjami biotechnologicznymi. Dwadzieścia lat temu postrzeganie wymiernych relacji budowlano-działań pojawiło się jako oczywista praktyka zaplanowana przez Hanscha i Fujitę (1964). Metoda ta wiązała konstrukcje chemiczne z działaniami biologicznymi. Taki okres doskonalenia może przedstawiać zwyczajowe procedury przyciągania biotechnologicznych wyrobów lub produkcji poprzez dostosowanie warunków procesu i wykrywanie różnic w produkcji doskonałej. Istnieje fundamentalne wrażenie, że wyłożone mieszaniny okoliczności operacyjnych mogą dawać różnice w metabolizmie mikrobiologicznym. Takie wrażenie wydaje się być niejasne z powodu nieliniowej dynamiki recytacji odpowiedzi biologicznych. ANN pokazująca konstrukcje biochemiczne może zawierać prognozę własności molekularnych z dokładnym składem chemicznym. Te repliki zawierają opinie wrzenia halotanów jako cel stosunku węgiel/wodór/tlen (Yoshida, Miyashita, & Sasaki, 1996). Oczyszczanie ścieków, zanieczyszczonych gleb i atmosfery sprawia trudności przy stosowaniu różnych procedur chemicznych. Głównym celem jest to, że zazwyczaj schematy biodegradacji są powolne w celu uzyskania zadowalających prezentacji oczyszczania. Ponadto, bakterie stosowane w ramach schematów biodegradacji są podatne na duże ilości zanieczyszczeń, zwłaszcza jeśli mają wielopłaszczyznowe konstrukcje chemiczne lub są toksyczne (Oller, Malato, & SánchezPérez, 2011; Pera-Titus, Garcia-Molina, Baños, Giménez, & Esplugas, 2004). Substytutem jest zastosowanie tzw. progresywnych procedur oksydacyjnych, które wykorzystują moc utleniania różnych materiałów chemicznych do degradacji kombinacji zanieczyszczeń. Spośród procedur chemicznych stosowanych do celów oczyszczania, najbardziej wyrafinowane metody obejmują: fotoliza (Serpone, Artemev, Ryabchuk, Emeline, & Horikoshi, 2017), kataliza (Oh, Dong, & Lim, 2016), ozonowanie (Pérez, Rodríguez-Santillan, Galicia, Chairez, & Poznyak, 2018), ozonowanie katalityczne (Aguilar, Rodríguez, Chairez, Tiznado i Poznyak, 2017; Rodríguez i in., 2018) i elektrochemii (Brillas & Martínez-Huitle, 2015; Poznyak A, 2019).

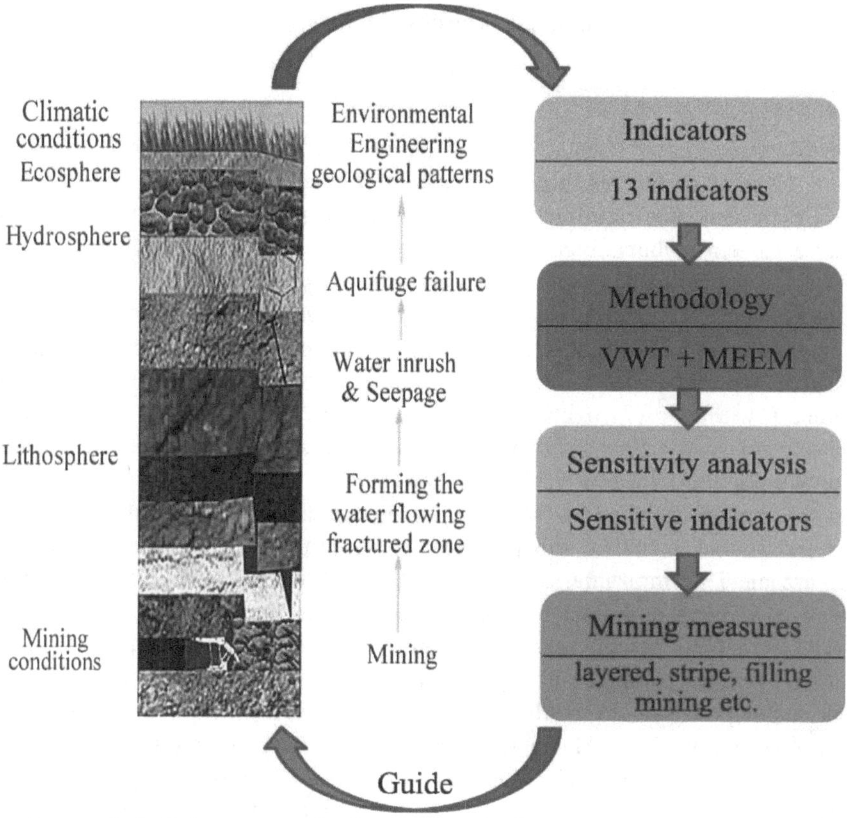

Rysunek 1. Schematy geologiczne inżynierii środowiska (Liu S, 2019)

Rozdział 2 : Właściwości inżynieryjne

Niektórzy naukowcy oceniali majątek inżynierski, cenę, dynamikę i wpływ na środowisko naturalne trzech poprzednich kombinacji betonu: beton poprzedni ze stabilnym cementem portlandzkim (PC-Regular); z popiołem lotnym (PC-FA); oraz z żużlem wybuchowym (PC-BFS). Przeprowadzone badania warsztatowe wykazały ilościowe natężenie prądu, przewodnictwo hydrauliczne oraz walkę z zamrażaniem i rozmrażaniem kombinacji. Do pomiaru emisji gazów cieplarnianych (GHG) oraz zużycia energii przez mieszanki betonowe o różnym układzie materiałowym zastosowano metodę wyceny cyklu życia (LCA). Do pomiaru właściwości rozkładu masy i rozkładu finansowego wykorzystano metody masowe i finansowe w celu określenia wpływu rozkładu na wycenę wpływu popiołu lotnego i żużla. Konsekwencje badań warsztatowych wskazują, że skojarzone z betonem trwałym przepuszczalnym, mieszanki betonowe przepuszczalne z żużlem lub popiołem lotnym miały podobną odporność na zamarzanie i rozmrażanie, ale niższą stabilność mechaniczną, szczególnie w zakresie wytrzymałości na rozciąganie i zginanie. Przewodność hydrauliczna połączeń betonu przepuszczalnego z popiołem lotnym i żużlem była nieco bardziej zaawansowana ze względu na większe proporcje pustek powietrznych. Optymalne podejście do rozkładu zostało stworzone, aby mieć istotny wpływ na konsekwencje wyceny. Akceptacja techniki dystrybucji finansowej wykazała 6-9% mniejszą oszczędność energii i 11-19% spadek emisji GHG, w przeciwieństwie do kombinacji z cementem portlandzkim. Ogólna prezentacja każdej z przepuszczalnych mieszanek betonowych została zmierzona poprzez standaryzację wewnętrzną oraz strefę chronioną na rysunku radarowym. Beton przepuszczalny z popiołem lotnym wykazał maksymalną prezentację ogólną, biorąc pod uwagę równowagę wielokryterialnych cech inżynierskich, oszczędność cen, energii i spadek emisji GHG.

Poprzednia organizacja dróg została szeroko uznana za jedną z zielonych infrastruktur, które mogą złagodzić niepożądane skutki środowiskowe związane z spływem wód burzowych w strefach miejskich. Wody burzowe mogą spłynąć do porowatej nawierzchni i zostać przefiltrowane przez żwir i glebę, imitując zwykłą procedurę infiltracji opadów z gruntem. Ponieważ ze względu na dużą porowatość beton przepuszczalny charakteryzuje się umiarkowanie niższą stabilnością i wytrzymałością niż beton konserwatywny, zgłoszenia betonu przepuszczalnego są zwykle niekompletne do lekkich stref ruchu, takich jak parkingi i chodniki (Shu et al. 2011).

Ulubioną prezentacją przepuszczalnego betonu jest równowaga przenikalności, własności mechanicznych i wytrzymałości w środowisku mrozoodpornym. Charakterystyczne proporcje pustek w betonie przepuszczalnym odmiany od 15% do 35% oraz współczynniki penetracji spadają od 0,01 do 1,5 Cm/s. W tych przypadkach wytrzymałość na ściskanie betonu przepuszczalnego wahała się od 4 do 25 Mpa (McCain i Dewoolkar, 2010). Stwierdzono, że większość mieszanek stosowanych w USA charakteryzuje się umiarkowanie wysoką porowatością (15%-35%) i niską stabilnością; natomiast mieszanki stosowane w Europie charakteryzują się niższą porowatością (15%-20%) i wyższą stabilnością przez dodanie od 5 do 10% kruszyw drobnych (Kevern, 2008). Konsekwencje wynikające z uwag terenowych i badań laboratoryjnych wykazały, że przepuszczalny beton dobrze sprawdzał się w warunkach mroźnej odwilży bez regularnej konserwacji (Delatte i in., 2009).

Poprzednie edukacje uznały, że cement portlandzki był głównym źródłem emisji CO2 dla mieszanek betonu kształtowanych komercyjnie (Chen i in. 2010). Aby zmniejszyć efekt ekologiczny, dodatek cementu portlandzkiego z dodatkowymi materiałami cementowymi (SCM), takimi jak żużel i popiół lotny, zwiększa akceptację w nowym roku. Popiół lotny to nadmiar powstający przy produkcji energii elektrycznej w roślinności energetycznej opalanej węglem, podczas gdy żużel jest produktem ubocznym przy produkcji stali. Jin (2010) stwierdził, że przepuszczalny beton z dodatkowym 32% popiołem lotnym i 15,8% pustką powietrzną zadowolony miał stabilność ściskania 13,8 Mpa i przenikalność 0,21 cm/s. Ravindrarajah et al. (2010) użył 20% i 50% cementu ekstra z popiołem lotnym w kombinacji betonu przepuszczalnego i stwierdził, że przenikalność dwóch kombinacji wynosi 12 i 16 mm/s. Stabilność na ściskanie była w zakresie 3-6 MPa dla kombinacji z 50% udziałem popiołu lotnego i 7-9 MPa dla kombinacji z 20% udziałem popiołu lotnego. Kim i Park (2016 r.) wyposażyli poprzedni beton w 60% zastępowalność żużla wielkopiecowego i 26% udział pustek. Stabilność na ściskanie wynosiła 13 MPa, a ubytek masy wynosił mniej niż 20% w 100 sekwencjach zamrażania i rozmrażania (Chen X, 2019).

Gdy tylko popiół lotny i żużel zostaną dodane do mieszanki betonowej jako dodatkowe składniki cementu, podejścia dystrybucyjne stosowane w wycenie cyklu życia stają się poważne, aby kontrolować wpływ kombinacji o zmiennej zawartości dodatkowych dostaw na środowisko. Podjęto debatę na temat tego, czy odpady przemysłowe lub produkty uboczne powinny mieć przypisaną część obciążenia dla środowiska ze swoich głównych procedur produkcyjnych. Argumentem za brakiem dystrybucji produktów ubocznych jest to, że ostatnie uprawy, takie jak energia i stal, są odpowiedzialne za wszystkie skutki dla środowiska wynikające z procedur produkcyjnych, które nie wskazują na tworzenie nadmiaru upraw (Marceau i in. 2006; McLellan i in., 2011; Van den Heede i De Belie, 2010). Zgodnie z tym założeniem, z wyjątkiem procedur wtórnych, takich jak suszenie, składowanie i transport, produkty uboczne, takie jak popiół lotny z roślinności energetycznej opalanej węglem i żużel stalowy z produkcji stali nie miały "skutków ubocznych" (Tait i Cheung 2016).

Chen et al. (2010) skontrastowali skutki środowiskowe stosowania dystrybucji masowej, dystrybucji finansowej i braku podejścia do dystrybucji. Konsekwencje te pokazują, że technika dystrybucji masowej przekonała do lepszego obciążenia środowiska produktami ubocznymi, podczas gdy technika dystrybucji finansowej wydawała się bardziej racjonalna. Ponieważ podejścia do dystrybucji produktów ubocznych są niezwykle złożone w odniesieniu do procedury i kompetencji wytwórcy, wniosek dotyczący podejścia do dystrybucji w LCA powinien uwzględniać zmiany geograficzne i ewentualne zmiany na rynku (Chen X, 2019).

Mimo to, nieliczne edukacje badały własności inżynierskie i efekt środowiskowy stosowania SCM w perwersyjnym betonie. Jednocześnie konieczne jest zbadanie wyników podejścia dystrybucyjnego na temat skutków środowiskowych stosowania popiołu lotnego i żużla stalowego w kombinacji z przepuszczalnym betonem. Zależnie od granicy edukacji, skutki środowiskowe związane z produktem ubocznym przemysłu są znaczące, ponieważ produkty uboczne są odpowiedzialne za proporcjonalność skutków środowiskowych związanych z procedurami produkcji, jeśli technika dystrybucji jest praktyczna. Pozostaje wymóg odzwierciedlania własności inżynieryjnych i trwałości środowiskowej betonu przepuszczalnego za pomocą SMK przy wyborze asortymentu materiałów ((Chen X, 2019).

Bioreaktory ze złożem fluidalnym (FBR) są rozpatrywane jako dwufazowe połączenie cieczy i ciała stałego, w którym złoże elementów stałych jest poddawane fluidyzacji za pomocą strumienia recyrkulacji w dół lub w górę. FBR są szeroko stosowane do wielu wyjaśnień z zakresu inżynierii środowiska, takich jak przewodnictwo ściekowe, a także niektórych roszczeń przemysłowych. FBR oferuje wiele substancji pomocniczych, jak np. sprężone bioreaktory, dzięki krótkiemu czasowi hydraulicznego zatrzymania, długie zatrzymanie biomasy na nośniku, wysokie współczynniki konwersji dzięki całkowicie zróżnicowanym sytuacjom, a co za tym idzie, wysokie współczynniki przenoszenia masy, brak kanałów przepływu, podlewanie wpływających uwag dzięki przepływowi recyrkulacyjnemu, przydatność do wzmacniania mikrobów o niskich wartościach *Km. Wady* FBR obejmują granice wielkości bioreaktorów ze względu na stosunek wysokości do średnicy, zapotrzebowanie na wysoką energię ze względu na wysokie proporcje regeneracji oraz długi okres rozruchu dla rozwoju biofilmu. W niniejszej pracy dokonano dezaprobaty dla niektórych kluczowych elementów edukacji w zakresie wzmacniania biomasy poprzez unieruchomienie niskorozwiniętych bakterii roślinnych, wysokiej wydajności w całkowicie zróżnicowanych warunkach, praktycznej ekspansji FBR oraz sposobów przytłaczania właściwości toksycznych poprzez wyjaśnianie procesu regeneracji. Wiedza ta ma wiele możliwych nowych zastosowań, jak również właściwości hydrodynamiczne, które pozwalają na zgłaszanie projektów z zakresu inżynierii środowiska i przemysłu na wysokim poziomie (Özkaya B, 2018).

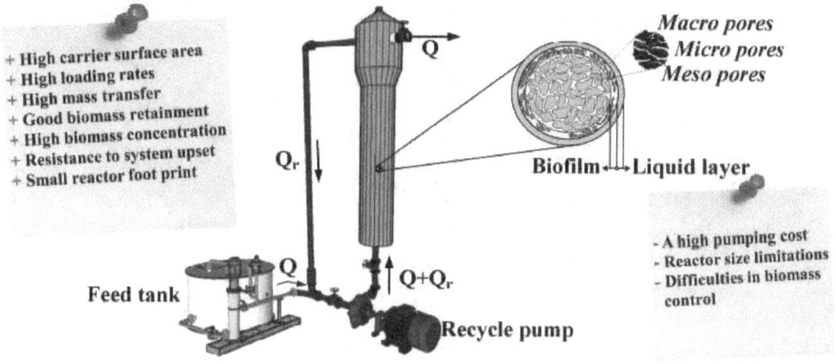

Rysunek 2. Reaktor ze złożem fluidalnym Biotechnologia dla wielu rozwiązań inżynierii środowiska (Özkaya B, 2018).

Reaktory ze złożem fluidalnym (FBR) są bioreaktorami rozpatrywanymi przez transporter biomasy stałej, który jest odkładany na później z zastosowaniem wysokich ładunków przepływu cieczy lub gazu, które pozwalają na fluidalizację transportera i działają tak, jakby był on cieczą. Bioreaktory ze złożem fluidalnym były początkowo zaawansowane w zakresie odprowadzania ścieków, ale wiedza ta ma również wiele innych możliwych zastosowań. Biologiczne przewodnictwo biologicznych i mineralnych zanieczyszczeń środowiska jest często testowane poprzez niską absorpcję zanieczyszczeń, ich truciznę i/lub niski pobór energii z pozbawiania zanieczyszczeń do mikroorganizmów katalizujących reakcje (Özkaya B, 2018). Urządzenia z łożem fluidalnym mogą przytłaczać wiele z tych testów, i od tej pory były one szeroko rozważane w odniesieniu do wielu wniosków (Rys. 1). Wiedza ta jest bardzo praktyczna w wielu dziedzinach, takich jak inżynieria środowiska, inżynieria metalurgiczna, inżynieria agronomiczna, inżynieria żywienia, inżynieria fizyczna i podział energii. Jak wynika z większego kąta prostego rys. 1, od lat 70-tych XX wieku na BJR o skumulowanej energii od lat 90-tych dostępnych jest prawie 2000 darowizn technicznych. Niniejszy artykuł analizuje historię, rozwój techniczny, a także rekompensaty i trudności związane z tą wiedzą. Rys. 3. Pokazano liczbę publikacji na temat reaktorów ze złożem fluidalnym (źródło: ISI Web of Science, Thomson Reuters Inc.)

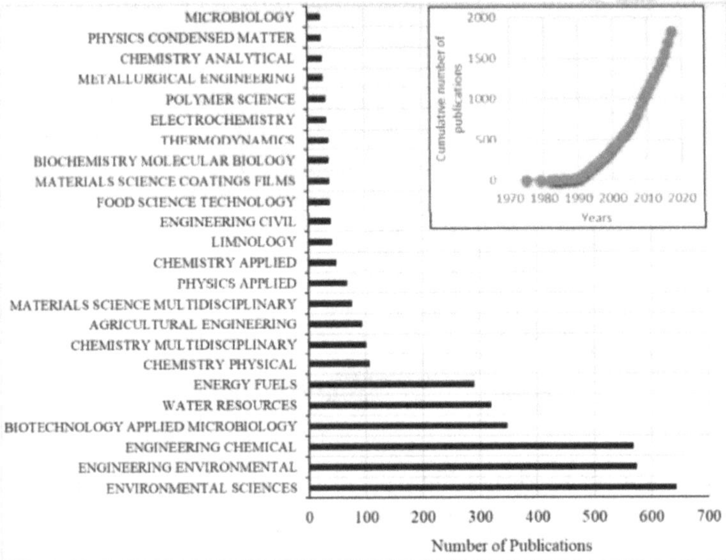

Rysunek 3. Liczba publikacji na temat reaktorów ze złożem fluidalnym (źródło: ISI Web of Science, Thomson Reuters Inc.)

Od lat 80-tych XX wieku reaktory ze złożem fluidalnym (FBR) są stopniowo stosowane jako prawdziwa umiejętność oczyszczania wody i ścieków. Po pierwsze, Manhattan College (Nowy Jork), U.S.EPA Municipal Environmental Research Laboratory (MERL), Cincinnati, Ohio, oraz Water Research Centre, Medmenham, Anglia, współpracowały w celu poszerzenia wiedzy na temat FBR w zakresie postępowania ze ściekami. W 1980 r. w Manchesterze (WRC/UMIST Session on Organic Fluidized Bed Action of Water and Sewage, Manchester, Anglia), informacje FBR zostały otrzymane jako najważniejszy rozwój w dziedzinie oczyszczania ścieków w ciągu ostatnich pięćdziesięciu lat, chociaż nie było wówczas zakładu na pełną skalę. Pierwszy pełnowymiarowy FBR 68 w USA został połączony w Reno-Sparks na początku lat 80-tych XX wieku, a 69 resztek to główne pełnowymiarowe oczyszczalnie FBBR oczyszczające ścieki krajowe od 2009 roku (WEF i 70 ASCE, 2010).

W latach 80-tych XX wieku, obiekty przemysłowe General Motors połączyły 12 aerobowych FBR-ów stosując zaawansowaną procedurę zarysowaną przez DorrOliver, Inc. (Sutton and Mishra, 1994). Prawie w tym samym czasie, beztlenowe FBR-y zostały zbudowane w 1982 roku w warsztacie białka sojowego w Muscatine, IA (Heijnen et al., 1989). W 1999 r., przy zastosowaniu FBR o dwóch wieżach o szerokości 9 m i wysokości 8,5 m ukończonych przez Dorra Olivera (Sutton et al., 1999), zachowano ścieki produkcyjne o ładunku fenolowym 1120 kg dziennie-1. W tym samym czasie najbardziej opłacalną rozbudową w tej dziedzinie było uruchomienie przez Biothane B.V. kilku dwuetapowych beztlenowych roślinności FBBR do produkcji ścieków. Pierwsze dwie roślinności powstały w Delft w Holandii i Prouvy we Francji, a procedura ANAFLUX została rozwinięta przez Degremont S.A. (Holst i in., 1997). Wszystkie zbudowane schematy FBR są niezwykle dobrze zorganizowane dzięki wysokiej wrażliwości na biomasę sięgającej 30-90 kg m-3 wraz z dobrze zorganizowanym przepływem formy gazowo-cieczowej ukształtowanej przez wysokie prędkości przepływu cieczy sięgające 10 m h-1 (Holst i in., 1997). Tabela 1. Wydajność energetyczna mikroorganizmów w wyniku utleniania różnych związków nieorganicznych i ksenobiotycznych 127 (Özkaya B, 2018). Tabela 2. Szybkie biologiczne utlenianie żelaza dla różnych typów reaktorów (Özkaya, 2018). Tabela 3. Produkcja wysokociśnieniowego wodoru biologicznego dla różnych typów reaktorów (Özkaya, 2018 r.). Rys. 4. Powszechnie stosowane reaktory FBR (a: aerobowe; b: beztlenowe) (Özkaya, 2018). Rysunek 5. Pokazano reaktory tlenowe FBR do utleniania żelaza żelaznego, a następnie urządzenie do szybkiego mieszania do dodawania substancji chemicznych, osadnik do separacji ciał stałych i urządzenie napowietrzające (Adaptacja z Nurmi, 2010b; Özkaya, 2018).

Tabela 1. Uzyski energii mikrobiologicznej z utleniania różnych związków nieorganicznych i ksenobiotycznych 127 (Özkaya, 2018)

Process/Equation	$\Delta G^{0'}$ (*)	NER	$\Delta G0'$ (**)	Refs.
Denitrification: $1.25\ CH_2O + NO_3^- + H^+ \rightarrow 0.5\ N_2 + 1.25\ CO_2 + 1.75\ H_2O$	-623	5 e^-	-125	(1)
Anammox: $NH_4^+ + NO_2^- \rightarrow N_2 + 2\ H_2O$	-357	3 e^-	-119	(2)
Reductive dehalogenation: $C_2Cl_4 + H_2 \rightarrow C_2Cl_3H + Cl^-$	-192	2 e^-	-96	(3)
Autotrophic denitrification: $S_2O_3^{2-} + 1.6\ NO_3^- + 0.2\ H_2O \rightarrow 2\ SO_4^{2-} + 0.8\ N_2 + 0.4\ H^+$	-766	8 e^-	-96	(4)
Selenite reduction: $CH_3CH(OH)COO^- + 2\ SeO_4^{2-} + 2\ H^+ \rightarrow 2\ Se^0 + 3\ HCO_3^- + 2\ H_2O$	-834	12 e^-	-70	(5)
Nitritation: $NH_4^+ + 1.5\ O_2 \rightarrow NO_2^- + 2H^+ + H_2O$	-275	6 e^-	-46	(6)
Nitratation: $NO_2^- + 0.5\ O_2 \rightarrow NO_3^-$	-74	2 e^-	-37	(6)
Iron oxidation: $Fe^{2+} + H^+ + \frac{1}{4}\ O_2 \rightarrow Fe^{3+} + \frac{1}{2}\ H_2O$	-33	1 e^-	-33	(6)
Autotrophic denitrification: $8\ NO^{-3} + 5\ HS^- + 3\ H^+ \rightarrow 4\ N_2 + 4\ H_2O + 5\ SO_4^{2-}$	-465	40 e^-	-12	(2)
Sulfate reduction: $CH_3COO^- + SO_4^{2-} \rightarrow 2\ HCO_3 + HS^-$	-58	8 e^-	-7	(6)
Pentachlorophenol oxidation: $C_6Cl_5OH + 4.5\ O_2 + 2H_2O \rightarrow 6\ CO_2 + 5\ H^+ + 5\ Cl^-$	-112	18 e^-	-6	(7)

(*): kJ/reaction; NER: Number of electrons/reaction; (**) (kJ/e^-); (1): Strohm et al., 2007; (2): Jetten et al., 1998; (3): Dolfing, 1992; (4): Rittman&McCarty, 2001; (5): Mekonnen et al., 2015; (6): Brock, 2006; (7): Dolfing, 1992

Tabela 2. Szybkie biologiczne utlenianie żelaza dla różnych typów reaktorów (Özkaya, 2018)

Reactor Type	Iron oxidation rate(*)	HRT(**)	Dominated microbial species	Refs.
FBR(***)	26.40	0.20	*Leptospirillum* sp.	(1)
MBR	21.70	0.08	-	(2)
Packed-bed reactor	20.00	6.25	*A. ferrooxidans*	(3)
Packed-bed reactor	11.25	1.00	*A.* and *L. ferrooxidans*	(4)
FBR	10.70	2.00	*L. ferriphilum*	(5)
FBR	10.00	2.10	*L. ferriphilum*	(6)
FBR	8.20	1.00	*L. ferriphilum* and *F. acidiphilum*	(7)
FBR	8.20	0.60	*Leptospirillum* sp.	(1)
Airlift reactor	8.12	0.25	*A. ferrooxidans*	(8)
Packed-bed reactor	8.10	1.00	*A. ferrooxidans*	(9)
FBR	7.00	2.15	*L. ferriphilum*	(10)
FBR	6.90	0.60	*L. ferrooxidans*	(1)
Air lift reactor	5.50	1.00	*A. ferrooxidans*	(8)
Trickle-bed	4.40	1.10	*A. ferrooxidans*	(11)
Packed-bed reactor	3.70	3.30	*A. ferrooxidans*	(12)
Fixed bed reactor	3.70	3.30	*A. ferrooxidans*	(13)
Packed-bed reactor	2.90	2.50	*A. ferrooxidans*	(14)
Packed-bed reactor	1.40	3.70	*A. ferrooxidans*	(15)
Fixed bed reactor	1.15	8.00	-	(16)
CSTR	1.10	13.00	*Leptosprillum* sp.	(17)
Inverse FBR	0.90	3.00	*L. ferrooxidans*	(18)
Two-stage airlift reactor	0.75	18.00	-	(17)

(*) kg $Fe^{2+}/m^3.h$; (**): Hydraulic retention time as hour ; (***): Operated at aeration with 99.5% O_2/0.5% CO_2 (vol/vol); FBR: Fluidized bed reactor, MBR: Membrane bioreactor, CSTR: Continuously stirred tank reactor (1) Kinnunen and Puhakka, 2004; (2) Park, et al., 2005; (3) Gomez and Cantero, 2003; (4) Mazuelos et al., 2000; (5) Özkaya, et al., 2007; (6) Kinnunen and Puhakka, 2005; (7) Nurmi, et al., 2009; (8) Ebrahimi, et al., 2005; (9) Grishin and Tuovinen, 1988; (10) Nurmi, et al., 2010; (11) Jensen and Webb, 1994; (12) Mesa, et al., 2002; (13) Mesa, et al., 2004; (14) Mousavi, et al., 2006; (15) Rowe and Johnson, 2008; (16) Nengovhela, et al., 2004; (17) Kaksonen, et al., 2014; (18) Ginsburg, et al., 2009.

Tabela 3. Produkcja wysokosprawnych biowodorów dla różnych typów reaktorów (Özkaya, 2018)

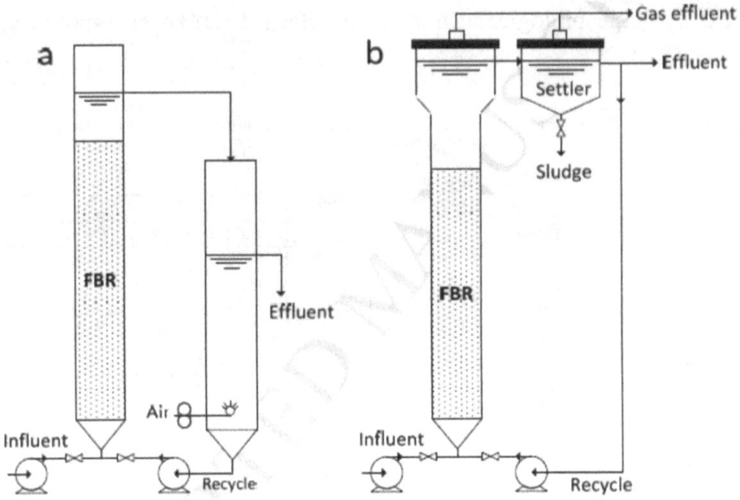

Rysunek 4. Powszechnie stosowane reaktory FBR (a: aerobowe; b: beztlenowe) (Özkaya, 2018)

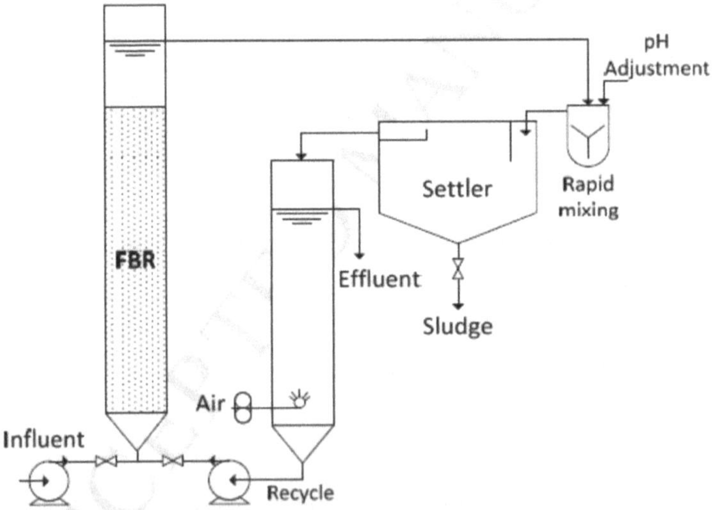

Rysunek 5. Aerobowe FBR do utleniania żelaza żelaznego, a następnie jednostka szybkiego mieszania do chemicznego dodawania, osadnik do rozdzielania ciał stałych i jednostka napowietrzająca (Adaptacja z Nurmi, 2010b; Özkaya, 2018)

Rozdział 3: Trendy w inżynierii środowiska

Testy na skumulowane zanieczyszczenie środowiska i niedobór zwykłych właściwości wymagają zaawansowanych wyjaśnień, aby potwierdzić możliwość utrzymania się w przyszłości. Nowe osiągnięcia w dziedzinie biologii sztucznej i inżynierii białek przygotowują utalentowaną wiedzę sceniczną do postępu w zakresie nowatorskich, inżynieryjnych zasobów biologicznych w celu spełnienia pożytecznych wymogów w zakresie zrównoważonego rozwoju środowiska. W szczególności biokatalizatory i biosorpcja są brane pod uwagę łącznie jako możliwe do utrzymania metody remediacji środowiska i odzyskiwania rezerw z odpadów. Ocena ta opiera się na aktualnych osiągnięciach w zakresie technicznych zasobów biokatalitycznych i biosorpcyjnych, które mogą niszczyć nieustępliwe zanieczyszczenia organiczne powstające w wyniku niepokoju, usuwać niebezpieczne zanieczyszczenia metaliczne i poprawiać jakość metali o wartości dodanej. Rozważane są również perspektywy i konkursy dotyczące przyszłych badań (Zhu B, 2018).

Pościg za równowagą ekologiczną jest główną siłą napędową dla pojawiających się rzeczywistych techno-racjonalnych sposobów raportowania trudnych testów dotyczących rosnącego zanieczyszczenia środowiska i zwykłych braków w zaopatrzeniu. Nowe niefunkcjonowanie wykazało szeroko zakrojone wykrywanie substancji zanieczyszczających rozwijających się w środowisku. Zanieczyszczenia te są zazwyczaj nieustępliwe lub tylko częściowo niezrównoważone przez konserwatywne procedury odprowadzania i oczyszczania ścieków i mogą stanowić oczywiste zagrożenie dla zdrowia antropologicznego i środowiska, nawet przy wchłanianiu śladów. W związku z tym, istnieje krytyczny wymóg rozwijania postępowej wiedzy na temat podawania określonych zanieczyszczeń w remediacji środowiska. W międzyczasie obserwujemy ciągłe zmiany paradygmatu - przechodzenie na odpady opiniotwórcze jako posiadanie, a nie obciążenie finansowe. Coraz większą uwagę poświęca się biorafinacji opartej na odpadach, a nowy rozwój techniczny w tym zakresie ma decydujące znaczenie dla naprawy cennych upraw przy jednoczesnej waloryzacji odpadów i realizacji celów w zakresie doskonałości ekologicznej montażu (Zhu B, 2018).

Sztuczna biologia i wiedza z zakresu inżynierii białek są uciskane za to, że zasoby bioaktywne w energetyce są wykorzystywane w zielonej chemii na potrzeby biomedyczne lub biotechnologii produkcji, ale potencjał tej wiedzy w powstających przełomowych planach dotyczących pomocnych wniosków środowiskowych został udokumentowany dopiero niedawno. Zakończono głównie stymulujący rozwój badań nad powstającymi nowymi biokatalizatorami do skutecznego niszczenia nieustępliwych zanieczyszczeń organicznych. Przy dodawaniu nowych zasobów biosorpcyjnych zwrócono szczególną uwagę na utalentowanych i lukratywnych zamienników do eliminowania i ulepszania metali ze strumieni odpadów. W ramach tej oceny zostaną omówione aktualne prace badawcze w zakresie inżynierii zasobów biokatalitycznych i biosorpcyjnych dla potrzeb rekultywacji środowiska i wniosków o odzysk dostaw, a także niektóre okazje i testy na tej początkującej arenie (Zhu B, 2018).

Biokatalizatory zwykle działają w temperaturze i pod ciśnieniem otoczenia, mają niewiele toksycznych skutków, mają niskie zapotrzebowanie na energię i są łatwiejszą procedurą do regulacji. W szczególności, procedury biokatalityczne zostały ustanowione dla zastosowań, w których nie ma jeszcze dobrze zorganizowanych, sztucznych metod biochemicznych, które mogłyby być stosowane w przemyśle. Biorąc pod uwagę te rekompensaty, biokatalizatory były uciskane za pomocne żądania, takie jak mieszanki farmaceutyczne oraz produkcja chemikaliów o wartości dodanej i paliw odnawialnych w dążeniu do zielonej chemii. Wraz z nowymi osiągnięciami w określaniu nowych celów enzymatycznych i postępem wiedzy w zakresie inżynierii zasobów bio-katalitycznych, biokatalizatory zyskują coraz większe znaczenie w remediacji środowiska. Głównie, spośród sześciu kierunków działania enzymów, coraz większą uwagę zwraca się na oksydo reedukacje i hydrolazy, które upokarzają mieszanki trujące i przyczyniają się do powstawania nieszkodliwych dla środowiska upraw (Zhu B, 2018).

Ekologiczne wartości inżynieryjne są stopniowo wykorzystywane do rozwoju wielofunkcyjnych konstrukcji nienaturalnych lub zreformowanych środowisk w strefach przybrzeżnych. Kreatywność inżynierii środowiska jest w głównej mierze determinowana przez ekspertów morskich i dyrektorów wybrzeży, ale często nie mierzy się opinii kluczowych kolektywów operatorów, które mogą mieć istotny wpływ na realizację projektów. W przeciwieństwie do innych inwestorów, w celu zbadania zmian w ważnych celach, miejscach i arogancji w zakresie inżynierii ekologicznej pomiędzy ekspertami ds. morskich i dyrektorami obszarów przybrzeżnych, zastosowaliśmy internetowe badanie i uczestniczący w nim trening wykreślania planów. Przeglądy zostały przeprowadzone w trzech australijskich miastach, które różnią się pod względem stopnia urbanizacji i kompresji środowiska. Sprawdziliśmy teorie, które, zakwalifikowane do innych inwestorów, ekspertów morskich i szefów nadbrzeżnych, zostaną zweryfikowane: 1) będą bardziej pomocni w zakresie inżynierii ekologicznej; 2) będą bardziej skłonni zgodzić się, że poprawa bioróżnorodności i rekultywacja zanieczyszczeń są kluczowymi priorytetami inżynierii ekologicznej; oraz 3) określą różne obszary priorytetowe i infrastrukturę lub zanieczyszczone siedliska dla inżynierii ekologicznej. Sprawdziliśmy również teorię, że 4) obserwacje z zakresu inżynierii ekologicznej różniłyby się w zależności od miejsca, ze względu na zmiany środowiskowe i społeczno-gospodarcze. We wszystkich trzech portach, eksperci ds. morskich i zarządcy wybrzeży byli bardziej pomocni w prowadzeniu inżynierii ekologicznej niż inni operatorzy. Również w Sydney i Melbourne istniała lepsza oferta w zakresie inżynierii ekologicznej niż w Hobart. Większość ludzi uznawała podbudowę transportową, w pełnych węzłach komunikacyjnych (tj. Circular Quay w Sydney, Port w Melbourne i Waterfront w Hobart) za import dla inżynierii ekologicznej, niezależnie od grupy inwestorów i lokalizacji. Nastąpiły jednak istotne zmiany wśród terenów, które ludzie obserwują jako kluczowy import dla inżynierii ekologicznej (tj. bioróżnorodność w Sydney i Melbourne kontra zanieczyszczenia w Hobart). Lepsze uwzględnienie tych specyficznych dla danej lokalizacji zmian jest niezbędne dla operatywnej organizacji budowli reprodukcyjnych i zreformowanych domów w mieście (Strain E.M.A, 2018).

Ściany szczelinowe są stosowane w obiektach Superfund w celu utworzenia odpadów lub zanieczyszczeń oraz zmniejszenia możliwości przemieszczania się mieszkańców odpadów. W wielu walizkach ściany gnojowicy są praktyczne w połączeniu z innymi informacjami na temat zachowania się odpadów, np. w zakresie obrony i wokół rządów zajmujących się pompami wodnymi. Prośba o te bezpieczne informacje jest specyficzna dla danego miejsca. Badania geofizyczne i inne nauki inżynierskie chcą być osiągnięte w celu skategoryzowania odpowiedniej ilości lub kombinacji postępowań (np. pokrywa wysypiska i ściana gnojowicy), aby były praktyczne i niezbędne. Zasoby budowlane zależą od okoliczności miejsca i składników zatrzymania w miejscu. Umieszczenie szczegółowej edukacji w zakresie kompatybilności może mieć zasadnicze znaczenie dla opisania możliwości zastosowania i przedstawienia wiedzy na temat ścian szczelinowych. Interakcja EPA, której nazwa jest zapisana na końcu niniejszego komunikatu, może przyczynić się w miejscu innych współpracowników i fundamentów danych istotnych dla takich edukacji. W niniejszym biuletynie omówiono wiele cech ścian szczelinowych zliczających ich przydatność, ograniczono się do ich wykorzystania, objaśniono zaawansowane metody zliczania wiedzy, materiały budowlane do liczenia nowych zastępczych źródeł barier, potrzeby terenowe, informacje prezentacyjne, położenie tych podejść i fundamenty dalszych danych (JR Boulding - 2019).

Ściany szczelinowe są odpowiednie w miejscach Superfund, gdzie pozostałe zanieczyszczenia lub odpady muszą być niedostępne u podstawy, aby zmniejszyć ewentualne szkody dla społeczności i środowiska naturalnego poprzez zminimalizowanie przenoszenia się obecnych mieszkańców odpadów. Te ogrodzenia podpowierzchniowe mają służyć wielu celom, licząc odizolowanie odpadów od środowiska, a tym samym pokrycie odcieku i zanieczyszczonych wód gruntowych oraz ewentualne przywrócenie miejsca do przyszłego użytkowania gruntów. Ściany z gnojowicy są często stosowane tam, gdzie masa odpadów jest zbyt duża, by można było je zastosować, gdzie pozostałości po przewodzie są składowane na składowiskach, a rozpuszczalne i ruchome składniki stanowią zagrożenie dla źródła wody pitnej. Ściany z gnojowicy mogą być zazwyczaj nakładane szybko, a potrzeby budynku i wykonania związane z ich połączeniem są zdrowe i milczące (JR Boulding - 2019).

Wykonanie ścian szczelinowych jest precyzyjne i uzależnione od przewidywanego celu (celów) programu. Różnorodność zwykłych, sztucznych i złożonych zasobów i metod budowlanych jest możliwa do rozważenia, gdy są one przeznaczone do wykorzystania w miejscu Superfund. Ściany z gnojowicy mogą być stosowane w różnych postępowaniach w celu utworzenia odpadów lub zanieczyszczeń w środowisku podpowierzchniowym, minimalizując w ten sposób możliwość dalszych zanieczyszczeń. Charakterystyczna struktura ścian szczelinowych składa się z kombinacji glebowo-betonowych (SB) lub cementowo-betonowych (CB). Konstrukcje te są często stosowane w połączeniu z technologiami ochrony i działania, takimi jak prowadzenie in situ i grupy wód gruntowych oraz organizacje prowadzące. Represja podstawowa może być osiągnięta za pomocą szeregu przyrządów zliczających eskapistyczny przepływ wód gruntowych, pobierających zanieczyszczone wody gruntowe lub tworzących zbocze wody gruntowej w górę strefy uwięzienia (np. w połączeniu z organizacją pompującą i oczyszczającą wody gruntowe). Represje mogą być również osiągane poprzez zrzucenie poziomu wód gruntowych do poufnej strefy represji. Pozwoli to na zmniejszenie transportu zdeterminowanego hydraulicznie (rozpoznawanego jako "transport przymiotnikowy") z części represyjnej. Chociaż, nawet jeśli zbocze hydrauliczne jest skierowane w stronę strefy represji, transport zanieczyszczeń (choć uważany za nieznaczny) jest nadal możliwy. W wielu walizkach ściany gnojowicy są przewidywalne w interakcji z zanieczyszczeniami; dlatego też kompatybilność chemiczna materiałów ogrodzenia i zanieczyszczeń może stanowić problem Efektywność HDPE. Tabela

4. Pokazano membrany geoprzepuszczalne i ściany szczelinowe na ogólnych grupach zanieczyszczeń dla gleby i wód gruntowych (JR Boulding - 2019). Rys. 6. Widok z powietrza i przekrój poprzeczny przedstawiający realizację ścianek szczelinowych (JR Boulding - 2019; Zabezpieczenie odpadów; 1991). Tabela 5. Pokazano względną odporność chemiczną membrany geowłóknowej HDPE (JR Boulding - 2019; Gundle Lining Systems, Inc, 1991). Rys. 7. Schematyczny schemat typowego wykopu ścianek szczelinowych i wykopu z zawiesiny biopolimerowej [JR Boulding - 2019; Geo-Con, Inc. Deep Soil Mixing, Case Study No. I. Broszura marketingowa. 1989]. Tabela 6. Wybrane obiekty Superfund wykorzystujące ściany z gnojowicy (JR Boulding - 2019; raport roczny ROD: FY 90. EPN540/8-911067. U.S. Environmental Protection Agency (Agencja Ochrony Środowiska USA). Lipiec 1991 r.)

Tabela 4. Membrany geo i ściany szczelinowe na ogólnych grupach zanieczyszczeń gleby i wód gruntowych (JR Boulding - 2019).

Contaminant Groups	Effectiveness HDPE Geomembranes	Slurry Walls SB	Slurry Walls CB
Organic			
Halogenated volatiles	■	▼	▼
Halogenated semivolatiles	■	▼	▼
Nonhalogenated volatiles	■	▼	▼
Nonhalogenated semivolatiles	■	▼	▼
PCBs	■	▼	▼
Pesticides (halogenated)	■	▼	▼
Dioxins/furans	▼	▼	▼
Organic cyanides	■	▼	▼
Organic corrosives	▼	●	●
Inorganic			
Volatile metals	■	▼	▼
Nonvolatile metals	■	▼	▼
Asbestos	■	▼	▼
Radioactive materials	▼	▼	▼
Inorganic corrosives	●	●	●
Inorganic cyanides	■	▼	▼
Reactive			
Oxidizers	●	●	●
Reducers	▼	▼	▼

■ Demonstrated Effectiveness: Short-term effectiveness demonstrated at some scale.
▼ Potential Effectiveness: Expert opinion that technology will work.
● No Expected Effectiveness: Expert opinion that technology will not work.

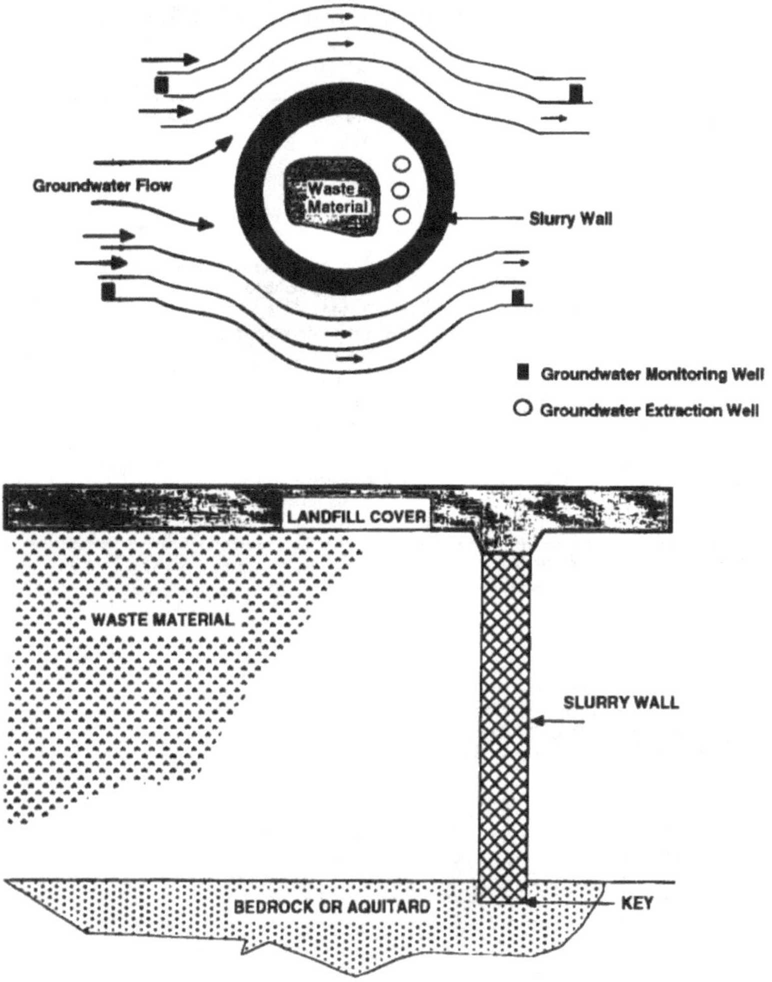

Rysunek 6. Widok z powietrza i przekrój poprzeczny przedstawiający realizację ścianek szczelinowych (JR Boulding - 2019; Waste Containment; 1991).

Tabela 5. Względna odporność chemiczna geomembrany HDPE (JR Boulding - 2019; Gundle Lining Systems, Inc.).

Aromatic Compounds		**Inorganic Contamination**	
Benzene	+	NH_4	++
Ethylene Benzene	++	Fluorine	++
Toluene	+	CN	++
Xylene	++	Sulfides	++
Phenol	++	PO_4	++
Polycyclic Hydrocarbons		**Other Sources of Contamination**	
Naphthalene	++	Tetrahydrofuran	+
Anthracene	++	Pyrides	++
Phenanthrene	++	Tetrahydrothiophene	++
Pyrene	++	Cyclohexanone	++
Benzopyrene	++	Styrene	++
		Petrol	++
		Mineral Oil	++
Chlorinated Hydrocarbons		**Pesticides**	
Chlorobenzenes	+	Organic Chlorine	
Chlorophenols	++	Compounds	++
PCBs	++	Pesticides	++

Key: ++ = Good Resistance; + = Average

[a] Adapted from vendor's marketing brochure.

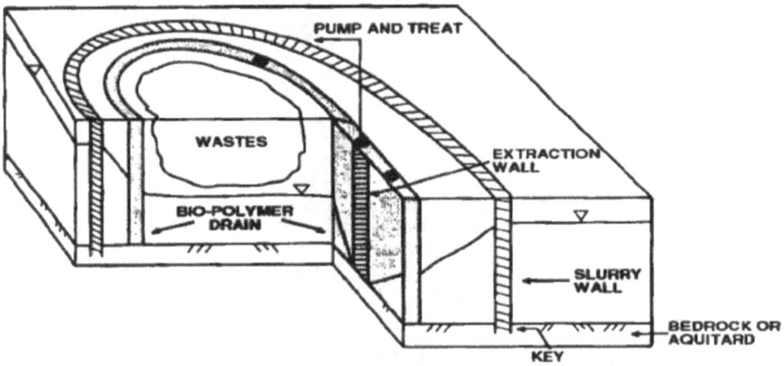

Rysunek 7. Schematyczny schemat typowego wykopu ścianek szczelinowych i wykopu z gnojowicą z bio-polimerów [JR Boulding - 2019; Geo-Con, Inc. Deep Soil Mixing, Case Study No. I. Broszura marketingowa. 1989].

Tabela 6. Wybrane obiekty Superfund wykorzystujące ściany szczelinowe (JR Boulding - 2019; raport roczny ROD: 90. FY. EPN540/8-911067. U.S. Environmental Protection Agency (Agencja Ochrony Środowiska USA). Lipiec 1991 r.)

Site	Location (Region)	Status
Ninth Avenue Dump	Gary, IN (5)	In design phase
Outboard Marine	Waukegan, IL (5)	In operation
Liquid Disposal	Utica, MI (5)	In design phase
Industrial Waste Control	Fort Smith, AR (6)	In operation since 3/91
E.H. Shilling Landfill	Ironton, OH (5)	In design phase
Allied/Ironton Coke	Ironton, OH (5)	In pre-design phase
Florence Landfill	Florence Township, NJ (2)	Design completed; remedial action beginning soon
South Brunswick	New Brunswick, NJ (2)	In operation since 1985
Sylvester	Nashua, NH (1)	In operation since 1983
Waste Disposal Engineering	Andover, MN (5)	In design phase
Diamond Alkali	Newark, NJ (2)	In pre-design phase
Hooker - 102nd St.	Niagara Falls, NY (2)	In remedial design phase
Scientific Chemical Processing	Carlstadt, NJ (2)	Completed 1992

Rozdział 4: Inżynieria środowiskowa w celu zmniejszenia ryzyka

Pokazuje to, że jedną z głównych okoliczności przytłaczającej technicznej niszy i uszlachetniania ziemi jest stabilna ekspansja społeczno-gospodarcza obszaru, która powinna być celowa z myślą o rezygnacji z niepożądanego wpływu produkcji na środowisko naturalne na fundamenty stref produkcyjnych zrównoważonego przypisania, zastosowania wiedzy o oszczędzaniu zasobów i substytutów energii. Pokazuje to analizę SWOT schematu spekulacyjnego inicjatywy przemysłowej na rzecz produkcji wykładzin podłogowych z polichlorku winylu (PCW) stosowanych w hrabstwie Orel. Edukacja dostrzegła zagrożenia ekologiczne związane z rozpoczęciem tej produkcji. Zostało ujawnione, że będzie to miało niepożądany wpływ na środowisko naturalne. Jednym z aktywnych działań mających na celu zmniejszenie zagrożeń dla środowiska i potwierdzenie bezpieczeństwa środowiskowego w inicjatywie przemysłowej jest inżynieria środowiska. Zaplanowano kilka precyzyjnych procedur przeglądu środowiskowego kreatywności przemysłowej dla produkcji pokryć podłogowych z polichlorku winylu (PCW) w okręgu Orel (Afanasieva E, 2019).

Skoncentrowany rozwój ruchu gospodarczego, nieustanne procedury globalizacji, nacisk budżetu na zaawansowaną ścieżkę wzrostu z jednej strony stawiają przed hrabstwami potencjalne nowe szanse, a z drugiej strony - nowe kwestie osiągania trwałego dynamicznego wzrostu i wysokiego poziomu doskonałości życia ludności. W tych warunkach jednym z najistotniejszych planowanych zadań jest potwierdzenie utrzymującego się wzrostu jej obszarów. Trudności związane z utrzymującym się rozwojem terenów stanowią obszar zainteresowania wielu współczesnych badaczy. Zrównoważony rozwój systemu społeczno-gospodarczego (terytorium) oznacza nie tylko jego bezpieczeństwo i niezawodność, ale także zdolność do wzrostu. Rozwiązywanie trudności związanych z utrzymującym się i stabilnym rozwojem gospodarczym i wzrostem terenów, doskonalenie dobrobytu ludności są dla Rosji bardzo istotne. Chociaż osiągnięcie równowagi komunalnej i finansowej nie powinno być szkodliwe dla środowiska i powinno polegać na przejrzystym wykorzystaniu zwykłych zasobów. Procedura komunikacji antropologicznej z obszarami wiejskimi jest treścią każdej produkcji. Ekonomia jest zasadniczo sztuką zrównoważonej i rzeczywistej organizacji tej procedury, a zatem, jak ujawnia się światowa i krajowa wiedza na temat zarządzania ekologicznego, kryzysy finansowe i ekologiczne są nieuniknione. Procedury w schemacie "ekonomia-ekologia" są poświęcone, ściśle zunifikowane i wzajemnie się określają (Afanasieva E, 2019).

Obecny stan środowiska wskazuje, że wpływ człowieka na środowisko naturalne osiągnął taki poziom, że jego dalszy rozwój w poprzednich okolicznościach może prowadzić do trwałych zmian, które zagrażają normalnemu funkcjonowaniu cywilizacji. Pragnienie osiągnięcia rozwoju twórczości narodowej brutto za wszelką cenę, która nie jest zbudowana na nowej wiedzy i utrzymaniu środowiska naturalnego, często powoduje przemyślaną katastrofę, gdy wieś nie jest już zdolna do sprostania rosnącym, nieograniczonym pragnieniom ludzkości. Zapewnienie trwałego wzrostu lokalnego wymaga czegoś więcej niż tylko oszczędności w otoczeniu lub nowej wiedzy. Strategia zrównoważonego rozwoju obszaru powinna mieć na celu zmniejszenie niepożądanego wpływu produkcji na środowisko, zrównoważone rozmieszczenie stref produkcyjnych, wzrost i zastosowanie wiedzy oszczędzającej zasoby, rozwój zastępczych źródeł energii, rozwój skomponowanej infrastruktury międzyregionalnej, skomponowany wzrost społeczno-gospodarczy, skumulowane działania spekulacyjne i zapał ziemi.

Inżynieria środowiskowa (Ekoinżynieria) jest zbiorem rozproszonych ruchów stosowanych w pewnych strukturalnych i zgodnych z prawem procedurach, a następnie w tworzeniu nowych udogodnień produkcyjnych, mających na celu minimalizację szkód na arenie ochrony środowiska i korzystania ze stolic naturalnych, oznaczonych obowiązkowym udziałem krajowym i udziałem pojedynczych obiektów: organizacji - zanieczyszczającego środowisko (klienta) i poszczególnych organizacji inżynieryjnych realizujących schemat, wytwarzanie i źródło praktycznych schematów jego obrony (wykonawcy). W szczegółach, marki inżynierii środowiska, które mogą zrozumieć wrażenie utrzymującego się wzrostu każdej inicjatywy przemysłowej, która może jednocześnie zmniejszyć zły wpływ na środowisko i odzyskać kompetencje procedur naukowych. Inżynieria środowiskowa ma znaczenie dla rozwoju republiki w ustalaniu działań na rzecz środowiska naturalnego w Federacji Rosyjskiej. W Federacji Rosyjskiej istnieje wiele ulotek, w których można dostosować finansowe, strukturalne i kontrolne krewniaki inżynierii środowiskowej. Głównym tekstem jest Skład Federacji Rosyjskiej (art. 42), w którym wyraźnie zaznacza się, że "każdy ma prawo do obiecującego otoczenia, rzetelnej informacji o swoim zaburzeniu i rekompensaty za szkody wyrządzone jego zdrowiu lub dobytkowi w wyniku zbezczeszczenia środowiska". Każdy jest wdzięczny sanktuaryjnej przyrodzie i środowisku naturalnemu, za troskę o zwykłe dobra, które są podstawą utrzymania wzrostu, życia i działań osób żyjących w Rosji. "W tym samym okresie, zabezpieczenie trwałego wzrostu, pełnego zatrudnienia, wysokiego poziomu i doskonałości życia ludności jest nie do zniesienia bez wzrostu produkcji, podziału agronomicznego i innych gałęzi przemysłu, opiera się na jasnym i dobrze zorganizowanym wykorzystaniu utajonego naturalnego, demograficznego, gospodarczego, przeszłości i kultury. Tak więc w Idei trwałej ekspansji społeczno-gospodarczej Federacji Rosyjskiej na okres retro do 2020 roku podkreśla się, że odpowiedź na społeczno-gospodarcze trudności ekspansji powinna być zatwierdzona z uwzględnieniem wyjaśnienia ochrony obiecującego środowiska i zwykłych zasobów możliwych do zaspokojenia potrzeb obecnych i przyszłych grup. Wspierany rozwój Federacji Rosyjskiej, wysoka jakość życia i zdrowia jej mieszkańców, a także bezpieczeństwo w skali całego kraju mogą być zagwarantowane tylko wtedy, gdy zachowane zostaną systemy naturalne i utrzymana zostanie doskonałość środowiskowa, co podkreśla się w doktrynie ochrony środowiska Federacji Rosyjskiej. Rządzenie Lidera Federacji Rosyjskiej "O polityce bezpieczeństwa narodowego Federacji Rosyjskiej do 2020 roku" określiło pilne potrzeby w zakresie utrzymania wzrostu (Afanasiewa E, 2019):

Nauka ekologiczna o istniejących schematach i zrównoważona organizacja ekologiczna, której ochrona jest osiągana poprzez stabilne żywienie;

• Poszerzanie postępującej wiedzy;

• Możliwa zrównoważona imitacja normalnych zasobów kraju. Dlatego też, krajowe wyniki jako żywy członek w procedurze adaptacyjnych działań na rzecz ochrony środowiska i bezpieczeństwa środowiskowego, czyniąc zasadniczy dopuszczalny zarys, przedstawiając finansowe uprawnienia i zachęty, realizując cele regulacyjne. Tak więc, w substancjach działań inżynieryjnych w biologii, strukturalnych, prawnych, wykonawczych, ekonomicznych, technicznych i mechanicznych cechy są stopniowo splątane. Jedną z instrukcji Ekoinżynierii jest przedinwestycyjna wycena środowiskowa propozycji projektów, co jest bardzo istotne dla nowych projektów majątkowych. Ekoinżynieria może być stosowana jako instrument zmniejszania zagrożeń dla środowiska naturalnego związanych z produkcją (Afanasieva E, 2019). Tabela 7. Pokazuje analizę SWOT projektu inwestycyjnego International Vynil Company-East LLC (Afanasieva E, 2019 r.).

Tabela 7. SWOT-analiza projektu inwestycyjnego International Vynil Company-East LLC (Afanasieva E, 2019).

S	**Strengths**	W	**Weaknesses**
	- favorable economic and geographical position; - low competition; - developed infrastructure		- production specifics - discontent of local residents
O	**Opportunities**	T	**Threats**
	- support from the authorities; - creation of new jobs; - unsatisfied demand from consumers, - potential for the development of small and medium businesses		- high environmental risks; - significant capital investments in technological re-equipment of production; - financial risks

Przegląd środowiskowy, naszym zdaniem, powinien obejmować kolejne elementy: • Potwierdzenie realizacji inicjatywy dotyczącej posłuszeństwa wobec wartości i dostaw w zakresie obrony środowiska;

• Wycena ogólnych cech niebezpiecznych obiektów produkcyjnych (strefy działania, miejsce, fizjonomie klimatyczne, fizjonomie materiałów niebezpiecznych itp.); Ekonomiczna •wycena zagrożeń środowiskowych i badanie bezpieczeństwa środowiskowego (prawdopodobne sytuacje rozwoju szans, ilość spraw ryzykownych nie ograniczonych do środowiska, zakres prawdopodobnych części skutków szkodliwych wpływów, możliwe szkody środowiskowe);

• Opracowanie odniesień do działań w zakresie ochrony środowiska;

• Samorządna wycena cen środowiskowych;

• Ćwiczenie regulatora zasobów (pieniężnych, praktycznych, kadrowych) należnych za obronę środowiska;

• Wykonanie zdjęcia prezentacji ekologicznej dla organizacji

• Argumenty przemawiające za dokonywaniem świadomych wyborów na arenie działań na rzecz ochrony środowiska;

• Dyskonto wydatków na zarządzanie, odstraszanie od kar z formularzy administracyjnych;

• Optymalizacja wydatków na ochronę środowiska;

• Szybka zmiana na zmiany, z uwzględnieniem stanowienia prawa w zakresie ochrony środowiska i powiązanych stref. W przeglądzie środowiskowym przy tworzeniu nowych branż należy przede wszystkim położyć nacisk na pomiar możliwości (prawdopodobieństwa) zbliżenia się do zagrożeń dla środowiska w odniesieniu do inicjatyw przemysłowych, które mają miejsce ze względu na przeoczenia w zakresie środowiska i przedmiotu środowiskowego, które mogą być nadzorowane, z uwzględnieniem przepisów branżowych. Najczęściej pojawiającymi się zagrożeniami ekologicznymi w inicjatywach przemysłowych są szanse produkcyjne, braki w procesie pomiaru wpływu na środowisko oraz brak wkładu ze strony społeczności. Trudności środowiskowe nie mogą być całkowicie określone, ponieważ w tym celu pożądane są znaczne kasety. W najbliższym czasie rozwój środowiska naturalnego zostanie zrównoważony przez zmianę umiejętności ekologicznych w zakresie tworzenia nowych przedsiębiorstw lub dalszych atutów w zakresie obrony środowiska we wszystkich przypadkach (Afanasieva E, 2019).

Współczesna cywilizacja staje się coraz bardziej świadoma tego, że jej dalszy rozwój jest nie do zniesienia bez poważnego przestawienia się na potencjalnie niebezpieczne przedsięwzięcia i produkcje we wszystkich dziedzinach. Na pierwszy plan wysunęły się podmioty zajmujące się ochroną środowiska. Prawie żaden schemat spekulacyjny w dziedzinie budownictwa przemysłowego nie jest przypadkowy do zrealizowania bez przeprowadzenia poważnej oceny oddziaływania na środowisko, w tym oceny zagrożeń konserwatywnych, oraz z uwzględnieniem poglądów społeczeństwa. Jednym z prawdziwych narzędzi służących do zmniejszenia zagrożeń dla środowiska i zapewnienia bezpieczeństwa środowiskowego w ramach inicjatywy przemysłowej jest inżynieria środowiskowa, której określenie jest studium wykonalności zestawu działań na rzecz ekologicznej transformacji produkcji z otwartymi szkoleniami technicznymi dotyczącymi rozwiązań pilotażowych (np. prac domowych), jeśli są one niezbędne. Celem ekoinżynierii może być reinwestycja w ekologiczną wycenę propozycji schematów. W sekwencji takiej wyceny akceptowane jest badanie wpływu zamierzonych substancji na środowisko lub środowiskowe wyjaśnienie schematów spekulacyjnych i wycena zagrożeń dla środowiska są dostarczane jako część projektu rozwiązań konstrukcyjnych. Na obszarze Oryol realizowany jest program budowy parkietu z PCW, który wywołał znaczny niepokój społeczny w związku z obawami mieszkańców o ochronę środowiska w ramach tego planu. W zależności od oceny ogólnych cech produkcji i analizy SWOT programu spekulacyjnego, autorzy znali jego prawdopodobne zagrożenia dla środowiska i uzasadnili jego zasadnicze znaczenie dla poszczególnych części inżynierii środowiska, tj. pełny przegląd środowiskowy. Prawidłowo przeprowadzony przegląd środowiskowy pozwoli obliczyć prawdopodobieństwo złego wrażenia środowiskowego inicjatywy i przedstawić sugestie dotyczące rozwoju wydarzeń mających na celu zmniejszenie zagrożeń dla środowiska i udoskonalenie opieki środowiskowej nad produkcją (Afanasieva E, 2019).

Rozdział 5: Inżynieria środowiska dla potrzeb kontroli

W poprzednich dziesięciu latach. Pozycja podmiotów ekologicznych urosła wiele razy. Wraz ze wzrostem świadomości ekologicznej w cywilizacji. i wzrostem wartości pieniężnej prezentacji ekologicznej do produkcji. Zaawansowane Organizacje Nauczycielskie włączyły rozważania ekologiczne do swoich prospektów emisyjnych. Ze względu na efekty ekologiczne i społeczne związane zasadniczo z wiedzą. Tematy te powinny być zachowane ze szczególnym akcentem w instrukcjach inżynierskich (R. VAN DER VORST, 1994).

W Wielkiej Brytanii "The Toyne Statement on "Ecological Accountability in Advanced Instruction" (Oświadczenie Toyne'a w sprawie odpowiedzialności ekologicznej w zaawansowanych instrukcjach) zostało przyjęte przez Zgromadzenie Inżynierów, które zatwierdziło Kodeks ćwiczeń specjalistycznych o nazwie "Inżynierowie i środowisko". W dalszej części tego Kodeksu. Każdy wymieniony inżynier musi dążyć do lepszej świadomości. Sympatyczna i prawdziwa organizacja problemów ekologicznych.

"Poprzez kolejne ruchy w tym szyfrowaniu. Rejestrujący się będą mogli uzyskać główne wskazówki dotyczące sugerowania i stosowania solidnych wyjaśnień inżynieryjnych w celu ochrony przyszłych. Będą oni również w stanie rozwinąć szerszą dyskusję na temat tego, jak możemy zrealizować ruch wspierający. I w ten sposób odpowiedzialność będzie miała wpływ na zarządzanie ziemią." (Rada Inżynieryjna, 1993).

W rozważaniach prowadzonych przez cały czas trwania Szyfrowania zalecano, aby. w najbliższym czasie około 10% każdego programisty klasy inżynierskiej poświęcać się problemom środowiskowym.

Gubernator Inżynierii wydaje się mieć zwykłą empatię wobec problemów środowiskowych. Jak uwaga w Kontroler leży w zarządzaniu schematem osiągania znieważonych obiektów w pewnych granicach czasowych. "Przełączyć lęki filozoficzne z dochodami, dzięki którym można zmienić nadchodzące zachowania schematów." (Leigh. 1992. P4) Inżynieria środowiskowa jest również zależna od schematów i organizacji regulatora. British Forum for Environmental Engineering Education (FEEE) posiada dobrze zdefiniowaną definicję inżynierii środowiska jako: "zajmowanie się roszczeniami o informacje naukowe. Nauki normalne i organizacyjne rozszerzone o edukację, wiedzę i próby do egzaminu oraz projekt i proces schematów, które mogą być aktywne w celu przełączenia zwykłych i sztucznych procedur środowiskowych. Inżynierowie ochrony środowiska muszą posiadać umiejętności i zdolności, które są niezbędne do zapobiegania i powstrzymywania szkód w sytuacji przez ruchy humanoidalne i normalne postępowanie".

Inne fundamenty opisują inżynierię środowiska jako podstawową działalność inżynierską w celu osiągnięcia możliwej do utrzymania rozbudowy.

Istnieją dwa możliwe sposoby postępowania, aby skrótowo określić wzajemne powiązania między gubernatorem a inżynierią środowiska.

Inżynieria regulacyjna opisuje zarówno strefę objętą edukacją, jak i ulubione osiągi. Aspekty środowiskowe mogą być tak samo początkowe jak faza projektu serii regulatorów. To z kolei może zaowocować bardziej ekologicznym wykorzystaniem wiedzy. Jako część czterech etapów powiązanych z każdą serią przełączników: a) wybór podstawowego wymogu dotyczącego prezentacji. (b) Wymień prezentację każdej organizacji, która ma być umiejętnym komponentem, który Lo; 10 on zawierał w pętli regulatora. c) Projekt. Przez jedną lub inną metodę projektu przełącznika. nadzorca tak, aby schemat przełącznika spotkał się z (d) teorią. Polecenie i w przypadku schematu przełącznika.

Świadomy ekologicznie inżynier przełączający mógłby włączyć przewidywaną środowiskową prezentację schematu do zasadniczego wymogu prezentacji. Uwarunkowania na życzenie. defensywne filozofie inżynierskie, np. dotyczące zużycia energii i mienia, ale również powstrzymywania zanieczyszczeń. Możliwe do zrealizowania i zmierzenia.

Zarówno regulacyjne, jak i środowiskowe. w odróżnieniu od powyższych. są uzależnione od optymalizacji procedur oraz od racjonalnych schematów. Charakterystyczne organizacje "środowiskowe" składają się nie tylko z praktycznych planów. Działania i chata informacyjna również bardziej złożony komponent; na przykład antropologiczne wypowiedzi osób w akumulacji do podstawowych pojęć, na przykład etyki i zysków. kiedyś schematy takie jak cywilizacja, zwykła i sztuczna sytuacja i ziemia. Można ujawnić, że obecnie ilość zdarzeń w systemach środowiskowych jest mniej więcej nieograniczona.

Zazwyczaj pożądane działanie jest nieokreślone, a efekty pomiędzy podstawami schematu są niezidentyfikowane. W jednym przypadku, dla schematu ekologicznego jest zdefiniowany przez Serię Istotnych lub Tworzenia Żywotności. Wartości inżynierii przełączania mogą być zyskami, które można wykorzystać do zbadania schematu. Opisz przewidywane zachowanie i rzeczywisty proces przełączania schematu. Wpływ na różne podstawy schematu może być następnie zwiększony przez późniejszego Leigh'a (Leigh. 1992), który zdecydowanie ma status gubernatora: "jeśli rozróżnimy, jak przełączyć skrajnie ogólny warunek nazwany schematem, będziemy w stanie przełączyć każdy konkretny stan." Oba przykłady wzajemnych powiązań w strefach przełączania i inżynierii środowiska powinny być powtórzone przez uczelnie wyższe w prospektach emisyjnych zarówno przełączników jak i inżynierów środowiska.

Zwłaszcza przy dzisiejszym wzroście świadomości o trudnościach środowiskowych. Zaawansowana instrukcja powinna odzwierciedlać znaczący związek pomiędzy Inżynierią Regulacyjną a Inżynierią Ekologiczną. Obecnie osoby zmagające się z trudnościami w zakresie inżynierii środowiska koncentrują swoje rozważania z jednej strony na końcu zakresu kolejno od Ekologii i Biologii (miękkiej lub zielonej) do metody technicznej fix (działanie końca rury) z drugiej strony, Takie metody często zależą od moralnie technicznej sympatii. Nie uczą uczonych, aby byli w stanie kwestionować i rozwiązywać problemy środowiskowe, na które obecnie patrzymy.

Brunei College w zachodnim Londynie. Wielka Brytania ma zaprogramowanego naukowca, który uczy inżynierów systemów obronnych w zakresie inżynierii środowiska. Program Distinct Environmental Engineering Programmed obejmuje projekt i interpretację cyklu życia upraw i ich schematów wtórnych. Programowane, choć nadal oryginalny wynalazek został uprzemysłowiony w odpowiedzi na stres z produkcji, zanim zaprogramowane rzeczy niedostatku środowiska na szkolnictwie wyższym były mile widziane. W kolejnym segmencie zdefiniowano kilka cech Jednolitego Programu Inżynierii Środowiska i podkreślono niektóre z osiągnięć naukowych.

Sekcja Programów Produkcyjnych i Inżynieryjnych w Brunei College uprzemysłowiła naukową klasę inżynierską, zaprogramowaną tak, aby sprostać nowym wymaganiom produkcji dla inżynierów świadomych ekologicznie. Program Superior Environmental Engineering (Najwyższa Szkoła Inżynierii Środowiskowej) to kompleksowy program rozwoju programów. zapewnia każdemu naukowcowi możliwość wyboru w ostatnim roku jednej z poprawek inżynierskich, takich jak inżynieria mechaniczna, system energetyczny, inżynieria sterowania lub inżynieria przemysłowa. Zaprogramowane cele, aby rozwijać solidnego inżyniera schematu, posiadającego rzetelne informacje na temat ochrony środowiska. Inżynieria jest zachowana jako kompleksowe, zależne działanie odpowiednio odzwierciedlające ludzkie obawy cywilizacji i narodu. Dlatego też, powielając obawy cywilizacji o środowisko naturalne, wyżsi inżynierowie ochrony środowiska będą w stanie zaplanować montaż, instrukcję i osiągnąć świeże, rzeczywiste i dobrze zorganizowane obiekty i schematy inżynierskie. Programowanie polega na przygotowaniu głębokiej, wykorzystanej informacji o wartościach wiedzy inżynierskiej i przedstawieniu produkcji. Pojedynczy inżynierowie ochrony środowiska będą "rozróżniać, jak" projektować wyjaśnienia, jak również "znaczyć, że" odejście trudności. Dziedzina środowiska zaprogramowana pochodzi z okresu komponentów w ramach tematu "Opinie środowiskowe", które przedstawiają interdyscyplinarne tematy związane z rozwiązywaniem problemów środowiskowych i pozostawiają miejsce na ocenę wyjaśnień/reakcji na trudności środowiskowe. Początkowo komponenty nastawienia środowiskowo-inżynierskiego prezentują realistyczne dane dotyczące mienia człowieka, a następnie z entuzjazmem podchodzą do rozważań na temat standardów istotnych dla skomplikowanych problemów. W konsekwencji. Są one zaburzone rozważaniami moralnymi w zakresie, w jakim odnoszą się do środowiska. Ze względu na trudności, z jakimi borykają się inżynierowie ochrony środowiska i ich przyszłe lokalizacje w produkcji. Oddział zastosował nowatorskie konstrukcje wiedzy w idei Nadrzędnościowej Inżynierii Środowiska Programowanej. Szansa na przekazanie zbiorów rozmów do samodzielnego wysiłku nad oddzielnymi planami grupowymi i przedstawieniami oraz na spotkaniach z uczonymi i kierowanymi przez naukowców, pozwoli uczonym na powtarzanie prawdziwych informacji zwiększonych poprzez przemówienia i odosobnione edukowanie. Plany i projekty środowiskowe, jak również sesje prezentowane w sekwencjach ideologii środowiskowych w dodatkowym roku mają być postrzegane jako narzędzia do włączenia metody środowiskowej do przestarzałych schematów inżynierskich. Wybrana nowatorska konstrukcja edukacyjna będzie służyła ćwiczeniu świadomości i jednocześnie indywidualnej ekspansji uczonych. Osiągnięciem uczonych będzie zbudowanie osobnego, wartościowego schematu, który pozwoli im dokonywać wyborów do praktycznych wyjaśnień badających zarówno znaczenie finansowe, jak i ekologiczne/społeczne. Poza przemówieniami i wydarzeniami związanymi z ustawodawstwem, dochodami, cyklami życia itp., naukowcy Brunel są przeciwni problemom ekologicznym poprzez programy i projekty takie jak Program Biosfery. Program Plakatu i Wystawy oraz zadanie Filozofii. 1) Wstępny montaż komponentu Wartości Inżynieryjnych dla Środowiska jest entuzjastyczny dla

Planu Ochrony Środowiska. Misją uczonych jest doskonalenie szeroko pojętego środowiska, przyglądającego się wszelkiej komunikacji pomiędzy stworzeniami. W ostatnim przedstawieniu dla swoich rówieśników, naukowcy wyjaśniają oferowane połączenia. Ten program ma na celu wsparcie uczonych w zrozumieniu trudności organizacji, z którymi będą pracować jako inżynierowie postępu. 2) W Planie Rozmnażania - wysiłek uczonego na dwóch zgodnych zdjęciach. Jeden z nich ma na celu przyspieszenie tego, czym jest inżynieria ekologiczna i dodatkowy obraz łączący wrażenie inżynierii środowiska z np. zbiorem praktykantów szóstej klasy. Wysiłek uczonego w kolekcjach. Jednym z celów tego schematu jest studiowanie odmiennych opisów i filozofii, które można odkryć na temat inżynierii środowiska: innym celem jest skłonienie uczonego do zastanowienia się nad swoimi wyjaśnieniami dotyczącymi przeglądu inżynierii ekologicznej. W ostatnim pokazie naukowcy będą rozważać swoje odbitki z teoretycznymi opiekunami i producentami. 3) W zadaniu dotyczącym postawy wiedzy naukowcy zastanawiają się nad kosztami moralnych rozważań na temat środowiska; cywilizacja i produkcja zależą od prac logicznych i ich wykonania oraz rozmowy z uczestnikami lekcji.

Naukowcy recenzujący zaprogramowaną Nadrzędną Inżynierię Ekologiczną wkrótce zrozumieją, że nie ma nieformalnej odpowiedzi na trudności ekologiczne, ale że prawdopodobnie będzie się ona starała zbliżyć do wyjaśnień poprzez empatię wielopłaszczyznowych schematów skomplikowanych.

Zaprogramowana Inżynieria Środowiska łączy w sobie ideologie inżynierii łącznikowej z rozwiązywaniem problemów środowiskowych. Seria przełączników Regulator Engineer jest stosowana do obsługi/przełączania wybranego schematu. Okrąg odpowiedzi, który jest niezbędny dla każdej serii regulatorów, jest oznaczony oceną przez Inżyniera Ochrony Środowiska problematycznego i wyborem sposobu jego wyjaśnienia. Schemat mierzony zarówno przez Inżyniera Regulacyjnego jak i Inżyniera Ekologicznego jest wielowymiarowy i określony przez zarysy ogłoszeń pomiędzy jego podstawami. Zaawansowana Inżynieria Edukacyjna Zaprogramowane, które starają się uczyć poprzez prewencyjny prototyp inżynierii w przeciwieństwie do inżynierii końca rurociągu, jak doświadczony teraz dni są sukces najwyższym postawą moralności w edukacji razem i powtarzania. Wychowanek powinien podążać za istnieniem szanowanego inżyniera o intensywnie uzależnionych danych inżynieryjnych, świadomego ekologicznych i wspólnotowych insynuacji wiedzy. Powinien być w stanie wymierzyć sprawiedliwość cen i pomocy i dać ogólny portret stanu. Potrzebna jest ogólna świadomość ekologiczna i informacja o planach środowiskowych i powinna być przygotowana w drodze instrukcji na etapie kolegium. W rozmowie uznano również, że wszyscy inżynierowie nazywający siebie Inżynierami Ekologami muszą posiadać godne zaufania informacje zatrudnione w podmiotach regulacyjnych.

Rozdział 6: Polimer wzmocniony włóknem w inżynierii środowiska

Związek znaczący jest mieszaniną dwóch lub więcej zasobów (podstawy wzmocnienia, takie jak włókna i spoiwa, na przykład żywice polimerowe), różniących się procedurą lub układem. Mieszanina tych właściwości może być rozważana w celu uzyskania cielesnego, który przygotuje szczegółowe właściwości eksploatacyjne. Na przykład, kombinacje polimerów wzmacnianych włóknami (FRP) są wykończone z żywic termoplastycznych lub termoplastycznych oraz szkła, węgla lub innych kategorii (np. kewlaru lub włókien naturalnych) włókien, mat i/lub tkanin. System włókien jest głównym składnikiem nośnym, chociaż żywica podtrzymuje obciążenia przenoszące siły ścinające przez włókna i tkaniny oraz zachowuje położenie włókien. Żywica jest stosowana głównie w procedurach przemysłowych i warunkach dozowania, a także częściowo chroni włókna/materiały przed szkodliwym wpływem środowiska, np. wilgocią, zmianami temperatury i substancjami chemicznymi. Kompleksy FRP są uznawane za zasoby XXI wieku ze względu na ich lepszą odporność na korozję, doskonałe właściwości termoizolacyjne i wysoki stosunek wytrzymałości do wagi. FRP są również bardziej "zielone" pod względem spersonalizowanej energii (liczby energii potrzebnych do wytworzenia wynalazku) niż konserwatywne zasoby, na przykład stal i aluminium, w przeliczeniu na jednostkę wydajności. Zastosowanie kompozytów FRP w cywilnych i wojskowych konstrukcjach nośnych może przywrócić wynalazek, zwiększyć wydajność, poprawić właściwości użytkowe i zapewnić trwałość, a w konsekwencji skrócić okres eksploatacji i poprawić ochronę środowiska. Od ponad 25 lat badacze z West Virginia College's Built Amenities Middle prowadzą badania nad podstawami inżynierii i dyscyplin fizycznych, wynalazków i ekspansji, w tym zastosowania złożonych mechanizmów i schematów FRP na arenie. Proces FRP przyczynił się do powstania szerokiego wachlarza propozycji inżynierskich, które mają wpływ na wydajność, łatwość obsługi i trwałość elementów dekoracyjnych w porównaniu z tradycyjnymi obiektami. Niniejsza część dotyczy mieszanek FRP w inżynierii środowiska w celu poprawy fortyfikacji środowiskowej. Inżynieria środowiskowa obejmuje różne zgłoszenia łączące wiedzę i wartości inżynieryjne w celu ochrony, a nawet odzyskania zwykłego środowiska (powietrze, woda i posiadłości lądowe), dostarczenia wody ze studni, powietrza i ziemi do celów antropologicznych (domy rodzinne lub miejsca pracy), w których znajdują się istniejące stworzenia, a jeśli jest to prawdopodobne, w celu remediacji skażenia środowiska. Z powodu braku zysków ta część nie pozwoli na zwrócenie całej uwagi na zastosowanie związków FRP w inżynierii ekologicznej. Po zastanowieniu się nad ekologicznymi korzyściami z kompozytów, w tym odcinku nacisk na wybrane zastosowania FRP w dziedzinie obrony ekologicznej zależy od badań i wiedzy pisarzy. Zastosowania te obejmują (r.liang, 2013):

- Złoża magazynowe ropy i gazu;
- Zbrojenie FRP;
- Pokład do sytuacji dalekomorskiej;
- Podparcie arkusza;
- Rura zimnej wody dla oceanicznej grupy adaptacyjnej energii cieplnej;
- Wkładki kominowe;
- Wieża chłodnicza;
- Ekologicznie przyjazne bieguny wartości;
- Płyty ścieżek sekcyjnych;
- Syntetyki geo;
- Rurociągi odporne na erozję;
- Rock bolting do podziemnego wydobycia;
- Segmentowe struktury o ekologicznej wytrzymałości;
- Folie FRP do konstrukcji betonowych i drewnianych;
- zaprojektowane używane wiązania kolejowe i drogowe; oraz
- Zielone mieszanki.

Zużycie napowietrzne jest badane z rozważaniami na temat wytrzymałości związków. Na koniec oferowane są kodeksy projektowe i warunki zatwierdzania i rozwoju zastosowań kompleksów FRP, a także ich najbliższe instrukcje dotyczące badań. (R. L I A N G , 2013).

Mieszaniny FRP przez lata były progresywne w masowej produkcji urządzeń chemicznych, zbiorników magazynowych, atmosfery, zastosowań motoryzacyjnych, morskich i organizacyjnych arterii i wielu innych. Tak szeroka gama zastosowań może zostać akredytowana do kolejnych obiecujących dóbr materialnych FRP:

- Większa dokładność (z orientacją na znaczną masę) stabilności i trudności niż w przypadku stali czy drewna;

- Zaawansowana stabilność zmęczenia i wpływa na poziom energochłonności;

- zwiększona odporność na erozję, korozję, ogień, burzę, burzę lodową, kwasy, przerwy w dostawie wody, zmiany temperatury, występowanie mikroorganizmów, szkodników i dzięciołów;

- Dłuższa żywotność obiektu (ponad 80 lat);

- Niższe ceny za podłączenie, proces i konserwację;

- nieprzewodzenie; - nietrucie;

- skondensowane zakłócenia magnetyczne, akustyczne i podczerwone (IR);

- Elastyczność projektu zawierająca w sobie komfort budowania modułowego; oraz

- Niezawodna prezentacja poszczególnych partii. Ekologiczne substancje pomocnicze z kompozytów FRP mogą być rozważane w kategoriach: - lepszą twardość;

- lekkie;

- Niższe koszty transportu;

- Najwyższa odporność na korozję, a tym samym dłuższa żywotność obiektu;

- Komfort połączenia; oraz

- Wolne od konserwacji.

Na przykład, erozja-poprzednie pręty zbrojeniowe z FRP zamiast stalowych prętów zbrojeniowych w betonie sprawia, że infrastruktura i mosty są bardziej trwałe (Vijay i Hota, 1999; Chen i in., 2008). Złożone, segmentowe pokłady mostowe z FRP są około dziesięć razy jaśniejsze i osiem razy bardziej wytrzymałe niż konserwatywne, betonowe pokłady mostowe wymagające krótszego czasu budowy przy zastosowaniu tylko jasnych urządzeń do połączeń (Shekar i in.,

2005), co powoduje spadek czasu przestojów i połączeń komunikacyjnych w związku z wymianą pokładów mostowych, wzrost wydajności i spadek cen eksploatacji budynku. Co więcej, niski ciężar własny wiązań FRP może prowadzić do zwiększenia nośności starych wiązań po zastąpieniu obniżonych pokładów betonowych współczesnymi poziomami FRP. Kompozyty z FRP oferują dodatkowe korzyści w zakresie efektywności energetycznej i ochrony środowiska. Liczne wyceny serii życiowych wykazały, że w przeliczeniu na jednostkę ekspozycji kompozyty GFRP charakteryzują się niższym poziomem spersonalizowanej energii (Strong well Corporation, 2009; Kara i Manmek, 2009). Dla przykładu, na jednostkę długości belki dwuteowej GFRP zużywa zaledwie 43% ilości spersonalizowanej energii, którą zużywa się na produkcję dwuteownika stalowego, chociaż emisja gazów konserwujących (COx) dla dwuteownika stalowego GFRP jest o 75% mniejsza niż dla dwuteownika stalowego, co oznacza, że cały wskaźnik wrażenia ekologicznego dwuteownika stalowego GFRP wynosi 20% (Kara i Manmek, 2009). Trzeba przyznać, że określona przewaga energetyczna FRP nad stalą zależy od precyzyjnego zastosowania i dokładnej prezentacji. Te spersonalizowane proporcje energetyczne różnią się w zależności od rodzaju zastosowania i istotnej funkcjonalności. Ponadto, związki FRP, zamiast drewna na słupy użytkowe lub chłodnie kominowe, uwalniają lęki środowiskowe drewna konserwowanego chemicznie, gdzie konserwanty mogłyby zanieczyścić pobliską glebę i uszkodzić roślinność lub wypłukać wodę i zanieczyścić ją. W odniesieniu do Feldmana i Shistara (1997), ponad 667 milionów funtów konserwantów drewna jest wydawanych w Stanach Zjednoczonych każdego roku. Wieże chłodnicze tłoczone z FRP zostały już wcześniej uznane. W miarę jak słupy użytkowe FRP przenikają na rynek słupów drewnianych, praktyka konserwowania drewna będzie coraz bardziej zagęszczona.

Ekspansja zwykłych ("zielonych") związków zmniejszy uosobioną energię zasobów związków, odzyska substancje pomocnicze dla środowiska i nie będzie miała wpływu na zrównoważony rozwój (Mutnuri i in., 2010). Zwykłe kompleksy są uzupełniane zwykłymi włóknami i żywicami pochodzenia biologicznego. Zwykłe włókna i żywice biologiczne pochodzą z roślinności, która wytwarza energię pochodzącą ze słońca, szkicuje dwutlenek węgla z powietrza i wypuszcza tlen z powrotem do powietrza poprzez fotosyntezę. Rośliny te mogą być bez końca ponownie uprawiane jako surowiec do wykorzystania w mieszankach, co prowadzi do zwykłej metody zawłaszczania węgla. Hipotetycznie wysoka prezentacja i niska wartość biokompozytów nie tylko transportuje dwutlenek węgla, ale także ma wpływ na godne uwagi rezerwy energii podczas produkcji.

Na przykład, na jednostkę masy, spersonalizowana energia z grubo przetartego drewna jest 23 razy mniejsza niż stali i 290 razy mniejsza niż aluminium; na tonę istotnej, grubo przetartego drewna przypada 500 kg węgla, podczas gdy stal 700 kg węgla i aluminium 8 700 kg węgla (Ferguson i in., 1996). Kompleksy normalne, posiadające spersonalizowane etapy energetyczne porównywalne z drewnem, oferują dziesięciokrotną przewagę w zakresie własności mechanicznych. Rozbudowa i wdrożenie zaawansowanych związków organizacyjnych uzupełnionych zwykłymi włóknami i żywicami pochodzenia biologicznego pozwoli na zmniejszenie zużycia przestarzałych zasobów np. kompozytów cementowych i opartych na paliwach kopalnych, uwalniających duże ilości COx do powietrza. Przykładowo, jedna tona cementu emituje półtorej tony COx (Malvern, 2011), podczas gdy jedna tona zwykłych włókien wyrzuca z powietrza jedną tonę COx. Biorąc pod uwagę fakt, że co roku nakłada się około 3 mld ton cementu, nawet niekompletna dodatkowa ilość cementu na bazie cementu ze zwykłymi złożonymi fundamentami mechanicznymi w konstrukcjach wpłynie na istotne inwestycje energetyczne i obniży ślad węglowy.

Rekompensaty FRP zarówno w zakresie biochemicznych jak i erozyjnych konfliktów o konserwatywne zasoby budowlane zostały udokumentowane od czasu pierwotnej rozbudowy FRP po II wojnie światowej. Ich zastosowanie w aparatach do procesów chemicznych sięga początkowych lat 50-tych XX wieku, kiedy to przedsiębiorstwa zajmujące się obróbką biochemiczną i rozjaśnianiem masy celulozowej zaczęły stosować FRP jako substytut ekskluzywnych surowców, takich jak mieszanki i stal wyłożona gumą (Kelley i Schneider, 2008). Obecnie związki FRP są szeroko stosowane w zakładach biochemicznych, np. w zbiornikach, kanałach, rurach, kapturach, pompach, wielbicielach, chropowatych, różnych innych urządzeniach do dozowania biochemicznego, chusteczkach i szerokoformatowych, przewodnictwie ropy naftowej i gazu, wodzie i ściekach (ACMA, 2011). Zgodnie z informacjami pochodzącymi z American Complexes Constructers Connotation, zużycie ogólne oznacza 22% przesyłek całych kompleksów FRP w 2010 r. w USA, tj. około 528 milionów funtów, w przeciwieństwie do części rynkowej wynoszącej prawie 10% w 1999 r.

Wśród innych sekcji osiągnięć znajdują się FRP do alternatywnych zbiorników magazynowych, w których przechowywane są towary paliwowe. Zbiorniki do magazynowania benzyny zostały ukończone przed latami 70. XX wieku, przede wszystkim z powodu erozji, która z czasem doprowadziła do wycieku ropy naftowej do przyległego środowiska oraz zanieczyszczenia gleby i wód gruntowych. FRP UST-y zostały wprowadzone do użytku w połowie lat 60-tych. Zostały one wykonane z włókien krystalicznych i izoftalowej żywicy poliestrowej i zostały potwierdzone jako wysoce techniczne i operatywne wyjaśnienie cenowe (Rys. 17). W latach 70-tych XX wieku miała miejsce szeroko zakrojona procedura zatwierdzania i podejmowania przez głównych właścicieli (Dorris, 2008). Plany FRP UST zostały udoskonalone pod koniec lat 80. pod kątem efektywności kosztowej. W latach 80-tych XX wieku przedstawiono żywice epoksydowo-winylowe w celu dodatkowego zwiększenia żywotności FRP dzięki lepszej trwałości biochemicznej i trwałości.

(a) (b)

Rysunek 17. Pierwszy zbiornik grupy FRP (a) przed pochówkiem, 15 maja 1963 r.; (b) po committal, 11 maja 1988 r.

UST są kontrolowane w Stanach Zjednoczonych w celu powstrzymania emisji ropy naftowej i zanieczyszczenia wód gruntowych. W 1984 r. Zgromadzenie Stanów Zjednoczonych uznało Bazę Danych UST w celu zmniejszenia i powstrzymania degradacji środowiska spowodowanej zanieczyszczeniem ropą naftową przez UST. 24 grudnia 1989 r. ustawodawca zażądał od właścicieli UST, aby odkryli eliminację, zaawansowanie lub zastąpienie wywrotowych zbiorników magazynowych. Dzięki tej bazie danych, wiele tysięcy starych wywrotowych zbiorników zostało zastąpionych zbiornikami FRP. Zbiorniki te zostały wykonane jako dwu- lub trójścienne - po raz pierwszy zaprezentowane w 1984 roku - w celu wychwytywania wycieków ze zbiorników wewnętrznych i zapewnienia przestrzeni międzywęzłowej dla urządzeń do wykrywania wycieków. Rurociągi zastąpiono również rurociągami zespolonymi z FRP o budowie wielościennej. Do końca 2007 roku masowo wyprodukowano i sprzedano około 450.000 zbiorników FRP (Dorris, 2008). Zgodnie z oświadczeniem z marca 2012 r., niezamkniętym w marcu 2012 r., baza danych UST wyrzuciła 1 762 249 stalowych zbiorników i w 2011 r. regulowała 587 517 żywych zbiorników FRP w około 212 000 miejscach w całym kraju (EPA, 2012).

Głównymi rozwiązaniami stosowanymi w przemysłowych stacjach transformatorowych z FRP są: rozpylanie szkła, układanie trzpieni obrotowych i nawijanie skrętek (McConnell, 2007). Makiety FRP UST zmieniły się na przestrzeni lat, ponieważ pojawiły się nowe rozwiązania, od jednościennych, przez dwuścienne, po trójścienne. Główny zbiornik FRP pokazany na Rys. 17 to jednościenny UST o pojemności 6000 galonów i średnicy 8 stóp. W międzyczasie, w projekcie i budynku UST pojawiły się wahania:

Wymiary zbiornika są znacznie większe, średnica 8-10 stóp na 60-80 stóp długości, objętość do 50.000 galonów;

- Popularne FRP UST-y mają budowę dwuścienną, sięgającą szerokości ściany od 0,25 do 1,0 cala, plus żebra podstawowe;

- Preparaty żywiczne zostały ulepszone, dzięki czemu FRP UST mogą zawierać destrukcyjne energie, na przykład etanol; oraz - zbiorniki zawierają obecnie organizacje zajmujące się odkrywaniem wycieków i zbiorniki tłumiące (McConnell, 2007). Charakterystyczną cechą FRP UST o podwójnych ścianach, wielosektorowych, o średnicy 10 stóp i pojemności 20 000 galonów, jest to, że w sposób nieformalny zmienia i łączy te zbiorniki w sposób wywrotowy. Obecnie te wielosekcyjne reaktory FRP UST mają szerokie zastosowanie poza pozycjami gazowymi. Wiele innych zakładów produkcji biochemicznej wykorzystuje te złoża do dostaw i transportu substancji (Wood, 2011). Rynek wodny i kanalizacyjny znają również właściwości fabrycznie wytwarzanych zbiorników FRP, które charakteryzują się wysokimi wartościami prezentacji zanieczyszczeń i trwałością (LeGault, 2011).

Kolejną pozostałą instancją są pręty zbrojeniowe z FRP w miejsce stalowych prętów zbrojeniowych w skrajnie destrukcyjnych sytuacjach (Malnati, 2011). Beton jest bardzo wytrzymały pod względem gęstości, ale stosunkowo słabo odkształcony. Aby zrekompensować tę nierówność, stalowe pręty zbrojeniowe są zakotwiczone w betonie w celu przeniesienia obciążeń plastycznych. Jednak w wyniku działania soli stal ulega całkowitemu zniszczeniu (reakcja elektrochemiczna), a przede wszystkim korozji. Ponieważ korozja ma większą wydajność niż stal, jej macierzysta znaczna korozja powoduje zwykłe ściskanie pobliskiego betonu, przede wszystkim pękanie, rozlewanie się, a w końcu katastrofę w postaci sztywności betonu spowodowaną naciskiem obręczy perforowanej korozją. Jest to bardzo przemyślane, gdy beton nie jest chroniony przed słoną wodą, jak w wiązaniach, gdzie sól jest praktyczna do dróg w zimie, lub w użytkowaniu morskim.

Zbrojenia FRP wydają się być najlepszym wytłumaczeniem dla zakwestionowania tego problematycznego problemu i proponują wiele rodzajów wsparcia dla struktury infrastruktury naszego kraju, obejmującej mosty, drogi i budynki. Jest to substancja jasna (segment o ciężarze równym ciężarowi stali), solidna (około dwukrotnie większym niż stałość stali), odporna na działanie jonów chlorkowych i czynników chemicznych, wolna od erozji, przezroczysta dla atrakcyjnych aren i częstotliwości radiowych oraz nieprzewodząca dla obciążeń elektrycznych i prądowych. Pręty zbrojeniowe z FRP są dostępne na rynku i zazwyczaj są wykonywane z jednokierunkowych żywic termoutwardzalnych wzmocnionych włóknem szklanym. Badacze WVU-CFC rozpoczęli stosowanie prętów zbrojeniowych z FRP w 1986 r. w konstrukcji szpitala, ale już po ośmiu latach badań, kiedy to w USA zbudowano pierwsze połączenie samochodowe, McKinleyville Bridge, w celu zastosowania prętów zbrojeniowych z FRP w powierzchni betonowej (Rys.17). Most McKinleyville znajduje się w regionie Brooke, w północnej części Wirginii Zachodniej. Jest to długa na 180 stóp, trzyprzęsłowa, niezmiennie niezbędna więź podtrzymująca, przyjmująca dwie ścieżki ruchu. Asortyment niezbędnych zasobów oraz procedury przemysłowe dla rebeliantów FRP zostały przyjęte z ostrożnością. W WVU-CFC (Vijay, 1999) długo badano nadawanie wielu rodzajów żywic i włókien w wymagającym otoczeniu. Pręty zbrojeniowe z FRP umieszczono w poziomie betonu jako warstwy górne i dolne w instrukcjach skośnych i wzdłużnych, jak pokazano na rysunku 17. Podłoga McKinleyville Bridge z prętami zbrojeniowymi z FRP znajduje się w udogodnieniu od 16 lat.

Z pomocą poręczycieli i serwisantów, w 2007 r. badacze WVU-CFC dokończyli pierwszy w kraju kawałek testowy nawierzchni żelbetowej (CRCP) z prętami zbrojeniowymi z GFRP, wzdłużny z odcinkiem testowym ze stali zbrojeniowej - CRCP dla kontrastu (Rys. 18). Te odcinki testowe znajdują się 9 maja w Martinsburgu, w północno-wschodniej części Wirginii Zachodniej i są brane pod uwagę przy ich prezentacji. Badania terenowe wykazują, że pręty zbrojeniowe GFRP sugerują niski wybór ceny cyklu życia dla wzmocnienia w betonowych jezdniach (Chen i in., 2008). Oczekuje się, że jezdnie wzmocnione prętami zbrojeniowymi z FRP będą sugerować wiele lat dodatkowego okresu eksploatacji obiektu, w przeciwieństwie do jezdni wzmocnionych prętami stalowymi. Istnieje wiele innych pozytywnych zastosowań, w szczególności zastosowanie prętów zbrojeniowych z GFRP w pokładach mostowych w WV oraz wiele innych warunków (FHWA, 2001; Gremel, 2007). WVU-CFC od ponad 25 lat prowadzi działalność federalną i krajową oraz odosobnione przedsiębiorstwa w zakresie oznaczania i stosowania mieszanek FRP na amerykańskim schemacie autostradowym, obejmującym przemieszczanie budowlane lub pokładowe ponad 100 mostów z pomostem mostowym z FRP, budowanie mostów z FRP, prętów zbrojeniowych z FRP oraz dybli z FRP do betonowych jezdni.

Rys. 18 Most McKinleyville z betonowym pokładem wzmocnionym prętami zbrojeniowymi FRP, hrabstwo Brooke, WV, zbudowany w 1996 roku.

(a) (b)

Rys. 19 Droga z prętem zbrojeniowym FRP, WV Way 9, Martinsburg, WV.

Wirginii i są brane pod uwagę przy ich prezentacji. Edukacja w terenie pokazuje, że zbrojenie GFRP sugeruje mały wybór cen w cyklu życia dla wzmocnienia w betonowych drogach (Chen i in., 2008). Oczekuje się, że jezdnie wzmocnione prętami zbrojeniowymi z FRP będą sugerować wiele lat dodatkowego okresu eksploatacji obiektu, w przeciwieństwie do jezdni wzmocnionych prętami stalowymi. Istnieje wiele innych pozytywnych zastosowań w terenie, w szczególności w zakresie stosowania prętów zbrojeniowych z GFRP w pokładach mostowych w WV i wielu innych warunkach (FHWA, 2001; Gremel, 2007). WVU-CFC od ponad 25 lat prowadzi działalność federalną i krajową oraz odosobnione przedsiębiorstwa w zakresie zatwierdzania i stosowania wyrobów złożonych z FRP na amerykańskim schemacie autostrad, obejmującym przemieszczanie budowlane lub pokładowe ponad 100 mostów z pomostem mostowym z FRP, budowanie mostów z FRP, prętów zbrojeniowych z FRP oraz dybli z FRP do betonowych jezdni.

Niezwykłe zasoby mogą przetrwać w niszczycielskiej sytuacji nadmorskiej, tj. ofensywie fal morskich, oddziaływaniu z kontenerów, niszczących soli, korozji piaskowej i kamiennej, dużej imponującej wilgotności, międzypływowym nawilżaniu i odświeżaniu, słońcu, morskich nudziarzy i ogromnych sił sztormowych. Faktycznie, stal jest głównym materiałem mechanicznym stosowanym na statkach i łodziach podwodnych. Konstrukcje stalowe stanowią główną kolekcję masy każdego statku, przekazując charakterystycznie 35-45% ogólnej masy samochodu (Beach and Cavallaro, 2002). Ten szczegół sugeruje, że konstrukcje okrętowe mają główny wpływ na ogólne cechy, takie jak ruch, ładunek, autografy, efektywność schematu walki i cenę cyklu życia. Obecnie 52% załogi statku zwraca uwagę na konserwację, ponieważ obecny główny budynek - stal - wymaga ciągłej konserwacji, aby uniknąć szybkiego tempa erozji (Greene, 2003). Ceny części zamiennych i związanych z tym przerw w pracy chciały naprawić zardzewiałe konstrukcje i sprzęt, co poważnie ograniczyło gotowość do pracy statku.

Kompleksy FRP oferują możliwe wyjaśnienie w celu odzyskania prezentacji, zdolności do przetrwania i niezawodności przyszłych statków morskich i łodzi podwodnych. Marynarka Wojenna Stanów Zjednoczonych zwiększa obecnie zastosowanie mieszanek w pierwszej kolejności w nowym domu progresywnych, wieloemisyjnych wyburzaczy, uznawanych za klasy DDG-1000 Zumwalt (LeGault, 2010). Demolizator DDG-1000 jest przeznaczony do realizacji zadań zależnych od morza i lądu. W jej wnętrzu znajduje się fala "tumblehome" przenikająca na zewnątrz oraz wyższa pokładówka wykonana głównie z wzmacnianych włóknami kanapkowych mieszanek fi-ber. Połączenie formy zewnętrznej i złożonej pokładówki ma na celu zmniejszenie śladu radarowego statku. Budowę pokładówki kompozytowej DDG-1000 przedstawiono na rys. 16.4. Ma on około 130 stóp długości na 60 stóp szerokości na 40 stóp wysokości (39,6 m na 19 m na 12,2 m), podzielony na cztery etapy i wykończony jest szkłem rdzeniowym z balsy i/lub płytami warstwowymi z estru węglowego/winylowego (LeGault, 2010). W każdym budynku zostanie zastosowanych około 200 000 stóp kwadratowych płaskich, złożonych elementów warstwowych. Budynek wykonany w całości z kompozytu nie tylko zmniejsza ilość autografów w podczerwieni i radarowych, ale także obniża ciężkość statku i jego ciężar oraz obniża ceny budowy i konserwacji. Płyta warstwowa może być zdefiniowana jako budynek trójwarstwowy, tzn. dwa cienkie elementy wyglądu (skóra) i gęsty element centralny (Marshall, 1998). Pokrycie jest cienkie i sztywne, o wysokiej stabilności, choć środkowe jest grube i nieistotne. Szanowana budowla warstwowa wymaga mocnego zamocowania środka do skóry.

Kompleksy "zielone" to związki biologiczne, które można całkowicie poddać recyklingowi i uzupełnić żywicami naturalnymi wzmocnionymi włóknami nadającymi się do recyklingu, podczas gdy termin "zwykły kompozyt wzmocniony włóknami" oznacza zwykle zwykłe włókna w każdym rodzaju matrycy polimerowej (termoplastycznej lub termoutwardzalnej; zwykłej lub sztucznej). W odniesieniu do Patela i Narayana (2005 r.) ekspansja możliwa do utrzymania to "ekspansja, która zaspokaja potrzeby współczesnych, pozbawionych możliwości współpracy z przyszłymi pokoleniami w celu zaspokojenia ich własnych potrzeb". Znaczenie to sugeruje, że możliwa do utrzymania ekspansja musi obejmować cechy ekologiczne, finansowe i społeczne. Biozwiązki są obiecującymi, możliwymi do utrzymania złożonymi zasobami, dzięki zastąpieniu odnawialnych zasobów polimerów i sztucznych włókien zależnych od paliw kopalnych, niższej emisji gazów konserwatywnych, zamknięciu powracającego pierścienia od świeżego, znacznego rozwoju do biodegradacji, możliwości obniżenia kosztów produkcji oraz szans na rozwój w agronomii i biochemii, zliczając nowe prace (Dittenber i Hota, 2012; Baillie, 2004). Chociaż produkcja cementu i innych zasobów strukturalnych ma konsekwencje w postaci dużej ilości uwalnianego dwutlenku węgla, profesjonalnie ukształtowane zwykłe kompozyty przyniosłyby znikomy ślad węglowy ze względu na ich zwykłą zdolność do pochłaniania CO2.

W sytuacji, gdy biosfera stoi w obliczu katastrofy w zakresie zrównoważonego rozwoju i ekologicznej stałości, na społeczeństwie inżynieryjnym spoczywa odpowiedzialność za postęp w zakresie rentownych i trwałych zasobów budowlanych o niższej personifikacji energii. Program zielonych struktur, wiedza w zakresie energii i projektów ekologicznych, nowości w zakresie zrównoważonego rozwoju, zasobów nadających się do konserwacji oraz wiele innych programów zostało uznanych za pomocne w kierowaniu Stanami Zjednoczonymi w bardziej ekologiczny sposób. Możemy sobie wyobrazić eko-miejskie zamieszkanie o zerowej emisji dwutlenku węgla. Jako cel średnioterminowy, badania i prace rozwojowe nad wiedzą zmieniającą grę mogą zmierzać do osiągnięcia środowiska miejskiego, w którym żyje się w warunkach otoczenia i minimalizuje się zużycie energii i wody. Istnieje wiele programów dotowanych przez NSF, które kładą nacisk na struktury procesu zerowego zużycia energii netto. Celem tych programów jest wykorzystanie wpływu energii słonecznej i innych zwykłych obiektów na środowisko, aby zmniejszyć zużycie energii, a jednocześnie zachować komfortowe warunki, w których znajdują się konstrukcje o zerowym zużyciu wody. Ze względu na orientację na związki FRP, solidne, wytrzymałe i sztywne elementy kompozytowe wykończone z włókien naturalnych i żywic naturalnych o niższej personifikowanej energii i cenie jednostkowej niż stal wymagają uprzemysłowienia i połączenia z produkowanymi segmentowymi podsystemami projekcji dla możliwie zerowej ilości odpadów budowlanych. Kompozyty FRP mają możliwość wspomagania osiągania sytuacji dającej się utrzymać dzięki ich rekompensacji w stosunku do konserwatywnych zasobów (Stewart, 2011). Z punktu widzenia oceny cyklu życia, asortyment FRP wymagałby opisu jego trwałej wytrzymałości i rozwoju makiet prognostycznych w celu zmierzenia wartościowego cyklu życia mechanizmów organizacyjnych lub schematów wykorzystujących związki. Wytrzymałość odpowiedzi zasobów złożonych i współczucie dla urządzeń stały się bardzo istotnymi tematami dla form zastosowania tych progresywnych zasobów złożonych. Łatwość obsługi, wytrzymałość i efektywność kosztowa są kluczowe dla szerokiego zastosowania każdego wymiernego urządzenia. Trwałe odpowiedzi konstrukcji zespolonych pod obciążeniami środowiskowymi zawierającymi wilgoć muszą być rozpoznawane tak, aby szybciej starzejąca się organizacja badań mogła być zastosowana do prognozowania trwałej prezentacji związków FRP poprzez makiety prognozy żywotności; informacje te muszą być standaryzowane z informacjami o odpowiedziach w terenie, obserwowanych z prac aplikacyjnych. Dlatego też bardziej wytrzymałe, dobrze zorganizowane i nieszkodliwe konstrukcje FRP mogą być zaprojektowane w zależności od informacji składającej się z ATM i odpowiednich zabezpieczeń (knock-down). Poza tym, głównym obszarem badań FRP w najbliższym czasie będą intensywne i wielofunkcyjne zasoby. Przedmiotem badań będą: zasoby etapowe do magazynowania i wydawania energii, przewodzące polimery dla ogniw słonecznych, samooczyszczające się i oczyszczające pokrycia defensywne, zasoby samoodtwarzające się, zasoby do samooceny i samouzdrawiania, pokrycia, które mogą być stosowane jako urządzenia i wiele innych. Na przykład dogłębnie zbadany zostanie rozwój w zakresie stosowania włókien węglowych do wykrywania i zauważania uszkodzeń za pośrednictwem polimerów zawartych w nanowłóknach. Pokrycia zawierające nanowłókna mogą być stosowane jako urządzenia do wykrywania mikropęknięć, ognia i substancji niebezpiecznych. Pokrycia przewodzące prąd elektryczny w połączeniu z systemami bezprzewodowymi zostaną uprzemysłowione w celu zauważenia ognia i innych zagrożeń fizycznych. Podsumowując, związki FRP powstają w środowiskach erozyjnych. W ostatnich dwóch okresach FRP są powoli rozpoznawane w zastosowaniach infrastrukturalnych obejmujących konstrukcje drogowe i wodne, słupy użyteczności publicznej, noże turbin wiatrowych i rury. Wraz z nowym wprowadzeniem nowych kodów projektowych, otworzą się nowe rynki wysokowydajnych mieszanek FRP, a obecne rynki powiększyły się jeszcze bardziej. W związku z coraz większą dbałością o środowisko budowlane, w którym możliwa jest konserwacja, asortyment istotnych elementów budowlanych ma być akceptowalny w całym cyklu życia, z uwzględnieniem zysków dla środowiska, pomocy społecznej i innych komponentów. W zależności od badań, rozbudowy i zastosowania w terenie, związki FRP mogą zostać uznane za optymalne ze względu na ich długoterminową prezentację i kompensację projektu.

Referencje

Abdollahi, Y. , Zakaria, A. , Abbasiyannejad, M. , Masoumi, H. R. F. , Moghaddam, M. G. , Matori, K. A. , et al. (2013). Artificial neural network modeling of p-cresol pho- todegradation. Chemistry Central Journal, 7 (1), 96 .

Adamowski, J. , & Chan, H. F. (2011). Faleletowy model połączenia sieci neuronowej do prognozowania poziomu wód podziemnych. Journal of Hydrology, 407 (1-4), 28-40 .

Adams, C. D. , Cozzens, R. A. , & Kim, B. J. (1997). Effects of ozonation on the biodegradability of substituted phenols. Water Research, 31 (10), 2655-2663 .

Agrawal, P. K. , Shrivastava, R. , & Verma, J. (2019). Metody bioremediacji w zakresie degradacji i detoksykacji wielopierścieniowych węglowodorów aromatycznych. W "Emerging and eco-friendly approaches for waste management" (str. 99-119). Springer .

Aguilar, C. M. , Rodríguez, J. L. , Chairez, I. , Tiznado, H. , & Poznyak, T. (2017). Degradacja naftowo-talenowa poprzez katalityczne ozonowanie na bazie tlenku niklu: Badanie etanolu jako rozpuszczalnika. Environmental Science and Pollution Research, 24 (33), 25550-25560 .

Amani-Ghadim, A. , & Dorraji, M. S. (2015). Modelowanie procesu fotokatalitycznego na syntetyzowanych nanocząstkach ZnO: Opracowanie modelu kinetycznego i sztucznych sieci neuronowych. Zastosowana kataliza B: Środowiskowa, 163 , 539-546 .

Anderson, J. A. (2006). McCulloch-Pitts Neurony . Biblioteka Wiley Online .

Antwi, P. , Li, J. , Meng, J. , Deng, K. , Quashie, F. K. , Li, J. , et al. (2018). Feedforward neural network model estimating pollution removal process within mesophilic upflow anaerobic slad blanket bioreactor treating industrial starch processing wastewater. Technologia bioreaktorów, 257 , 102-112 .

Aoyama, A. , & Venkatasubramanian, V. (1995). Internal model control framework using neural networks for the modeling and control of a bioreactor. Engineering Applications of Artificial Intelligence, 8 (6), 689-701 .

Arabi, E. , Gruenwald, B. C. , Yucelen, T. , & Nguyen, N. T. (2018). Referencyjny model referencyjny adaptacyjnej architektury sterowania dla odrzucenia zaburzeń i tłumienia niepewności ze ścisłymi gwarancjami skuteczności działania. International Journal of Control, 91 (5), 1195-1208 .

Arpornwichanop, A. , & Shomchoam, N. (2009). Control of fed-batch bioreactors by a hybrid on-line optimal control strategy and neural network estimator. Neuro- computing, 72 (10-12), 2297-2302 .

Baker, B., Gupta, O., Naik, N., & Raskar, R. (2016). Projektowanie archi- tektów sieci neuronowej z wykorzystaniem nauki wzmacniania. arXiv preprint arXiv: 1611.02167 .

Bakshi, B. R. , & Stephanopoulos, G. (1993). Wave-net: Hierarchiczna, wielorozdzielcza sieć neuronowa z lokalną edukacją. AIChE Journal, 39 (1), 57-81 .

Basheer, I. A. , & Hajmeer, M. (20 0 0). Sztuczne sieci neuronowe: Podstawy, com- puting, projektowanie, i zastosowanie. Journal of microbiological methods, 43 (1), 3-31 .

Bastin, G. (2013). On-line estimation and adapttive control of bioreactors : 1. Elsevier .

Behler, J. (2015). Konstruowanie wysokowymiarowych potencjałów sieci neuronowych: Rewizja tuto- rialu. International Journal of Quantum Chemistry, 115 (16), 1032-1050 .

Beltrán, F. , García-Araya, J. , Rivas, F. , Alvarez, P. , & Rodríguez, E. (20 0 0). Kinetyka konkurencyjnej ozonacji niektórych związków fenolowych obecnych w ściekach z przemysłu przetwórstwa spożywczego. Ozon, 22 (2), 167-183 .

Beltrán, F. J. , González, M. , Ribas, F. J. , & Alvarez, P. (1998). Odczynnik Fentonowy do zaawansowanego utleniania wielopierścieniowych węglowodorów aromatycznych w wodzie. Water Air Soil Pollu- tion, 105 (3-4), 685-700 .

Bengio, Y. , Goodfellow, I. J. , & Courville, A. (2015). Głębokie uczenie się. Natura, 521 (7553), 436-4 4 .

Inżynieria środowiskowa. Strona internetowa: https://en.wikipedia.org/wiki/Environmental_engineering.

"Kariera w inżynierii środowiskowej i nauce o środowisku". American Academy of Environmental Engineers & Scientists. Odzyskane w latach 2019-03-23.

Skocz do:a b c "Zawodów Architektonicznych i Inżynierskich". Podręcznik dotyczący perspektyw zawodowych. Bureau of Labor Statistics. 20 lutego 2019 roku. Odzyskane 23 marca 2019 r.

Skocz do: a b c d e f g "10 Postępów w Inżynierii Środowiska". HowStuffWorks. 2014-05-18. Odzyskane 2019-03-23.

Beychok, Milton R. (1967). Aqueous Wastes from Petroleum and Petrochemical Plants (1st ed.). John Wiley & Sons. LCCN 67019834.

Tchobanoglous, G.; Burton, F.L. & Stensel, H.D. (2003). Wastewater Engineering (Treatment Disposal Reuse) / Metcalf & Eddy, Inc (4th ed.). McGraw-Hill Book Company. ISBN 978-0-07-041878-3.

Turner, D.B. (1994). Workbook of atmospheric dispersion estimates: an introduction to dispersion modeling (2nd ed.). CRC Press. ISBN 978-1-56670-023-8.

Beychok, M.R. (2005). Fundamentals Of Stack Gas Dispersion (4th ed.). autor-published. ISBN 978-0-9644588-0-2.

Centrum Informacji o Karierze. Agrobiznes, środowisko i zasoby naturalne (9. edycja). Macmillan Reference. 2007.

"Uzyskać Certyfikat Zarządu w zakresie inżynierii środowiska". American Academy of Environmental Engineers & Scienteists. Odzyskane w latach 2019-03-23.

"NCEES PE Informacje o egzaminie środowiskowym". NCEES. NCEES. Odzyskane w latach 2019-03-23.

"Profesjonalne instytucje inżynieryjne". Rada Inżynieryjna. Odzyskane w latach 2019-03-23.

Skocz do Masona, Matthew. "Inżynieria środowiskowa. Why It's Vital for Our Future". Nauka o środowisku. Odzyskane 2019-03-23.

Jansen, M. (październik 1989). "Water Supply and Sewage Disposal at Mohenjo-Daro". Archeologia światowa. 21 (2): 177-192. doi:10.1080/00438243.1989.9980100. JSTOR 124907. PMID 16470995.

Angelakis, Andreas N.; Rose, Joan B. (2014). "Rozdział 2: "Technologie sanitarne i ściekowe w cywilizacji doliny Harappa/Indus (ok. 2600-1900 p.n.e.)". Evolution of Sanitation and Wastewater Technologies through the Centuries. IWA Publishing. s. 25-40. ISBN 9781780404851.

"Finansowanie - inżynieria środowiska". US National Science Foundation. Odzyskane w latach 2013-07-01.

"Infekcje wodopochodne". Encyklopedia.com. Odzyskane 2019-03-23.

Radniecki, Tyler. "Co to jest inżynieria środowiskowa?" Wyższa Szkoła Inżynieryjna. Uniwersytet Stanowy w Oregonie. Odzyskane 2019-03-23.

Masters, Gilbert (2008). Wprowadzenie do inżynierii środowiska i nauki. Upper Saddle River, N.J.: Prentice Hall. ISBN 978-0-13-148193-0.

Sims, J. (2003). Osad czynny, Encyklopedia Środowiska. Detroit.

McGraw-Hill Encyklopedia Nauk i Inżynierii Środowiska (3rd ed.). McGraw-Hill, Inc. 1993.

Davis, M. L. i D. A. Cornwell, (2006) Introduction to environmental engineering (4th ed.) McGraw-Hill ISBN 978-0072424119.

Wprowadzenie do inżynierii środowiska i nauki. GM Masters, WP Ela - 1991 - people.bu.edu

Wprowadzenie do inżynierii środowiska. ML Davis, A David - 2008- entrospace.nilebasin.org. https://hdl.handle.net/20.500.12351/421.

Wprowadzenie do inżynierii środowiska. A Salic, B Zelic - Physical Sciences Reviews, 2018 - adsabs.harvard.edu.

Wprowadzenie do inżynierii środowiska. A Salic, B Zelic - Physical Sciences Reviews, 2018 - adsabs.harvard.edu.

Inżynieria środowiskowa. AA FIELD - Mechanical Engineer's Reference Book, 1973 - Elsevier. https://doi.org/10.1016/B978-0-408-00083-3.50037-0. Książka referencyjna inżyniera mechanika. 1973 r., strony 15-24-15-83.

GIVONI, B., Man Climate & Architecture, Elsevier (1969)

FANGER, P. O., Thermal Comfort, Danish Technical Press (1970)

ASHRAE Handbook of Fundamentals

MISSENARD, F. A., Radiant Heating and Cooling, Eyrolles (1959).

RECKNAGEL-SPENGER, paperback do ogrzewania, wentylacji i klimatyzacji, Oldenbourg (1970)

BASNETT, P., "Ogrzewanie pomieszczeń za pomocą paneli średniotemperaturowych", Jour. IHVE, 36, 120 (1968)

CHRENKO, F. A., "Podgrzewane sufity i komfort", Jour. IHVE. 20, 375 (1953)

RiLEY, J. M., "The development of the cast iron sectional boiler", Jour. IHVE, 38, 160 (1970)

KELL, J. R. i MARTIN, P. L., The Nuffield College Heat pump', Jour. IHVE, 30, 333 (1963)

Brightside Chimney Design Manual, Technitrade Journals Ltd., 2nd ed (1970)

Fotokatalityczne zastosowania Mikro- i Nano-TiO2 w inżynierii środowiska. S Kwon, M Fan, AT Cooper, H Yang - Recenzje w dziedzinie ochrony środowiska, 2008 - Taylor & Francis.

Inżynieria środowiskowa: Stopniowa piroliza odpadów z tworzyw sztucznych. Autor łączy otwarty panel nakładkowyH.BockhornJ.HentschelA.HornungU.Hornung. Inżynieria chemiczna. Tom 54, numery 15-16, lipiec 1999, str. 3043-3051. https://doi.org/10.1016/S0009-2509(98)00385-6.

Planowanie środowiskowe i podejmowanie decyzji. L Ortolano - 1984 - osti.gov.

Rozwiązywanie problemów w inżynierii środowiska i geonaukach za pomocą sztucznych sieci neuronowych. FU Dowla, FJ Dowla, LL Rogers, LL Rogers - 1995 - books.google.com.

Podręcznik inżynierów ochrony środowiska. DHF Liu, BG Liptak - 1997 - taylorfrancis.com. https://doi.org/10.1201/9780367805333

Metoda podziału na strefy geologiczno-inżynierskiego środowiska górniczego z uwzględnieniem stopnia wpływu działalności górniczej na fitosanitarny poziom wodonośny. Journal of Hydrology, Volume 578, November 2019, Article 124020. Shiliang Liu, Wenping Li, Wei Qiao, Xiaoqin Li, Jianghui He.

Artykuł przeglądowy, Badanie zastosowania sztucznych sieci neuronowych do identyfikacji i kontroli w inżynierii środowiska: Biologiczne i chemiczne systemy o niepewnych modelach. Coroczny przegląd w kontroli, w prasie, poprawiony dowód, dostępny online 16 sierpnia 2019. Alexander Poznyak,

Isaac Chairez, Tatyana Poznyak. https://doi.org/10.1016/j.arcontrol.2019.07.003.

Benitez, F. J., Real, F. J., Acero, J. L., Garcia, J., & Sanchez, M. (2003). Kinetics of the ozonation and aerobic biodegradation of wine vinasses in discontinuous and continuous processes. Journal of Hazardous Materials, 101(2), 203-218.

Boczkaj, G., Fernandes, A., & Makos, P. (2017). Study of different advanced oxidation processes for wastewater treatment from petroleum bitumen production at basic ph. Industrial & Engineering Chemistry Research, 56(31), 8806-8814.

Boyce, J. M., Havill, N. L., Otter, J. A., McDonald, L. C., Adams, N. M., Cooper, T., et al. (2008). Impact of hydrogen peroxide vapor room decontamination on clostridium difficile environment contamination and transmission in a healthcare setting. Infection Control & Hospital Epidemiology, 29(8), 723-729.

Bradbury, J., Merity, S., Xiong, C., & Socher, R. (2016). Quasi-prądowe sieci neuronowe. arXiv:1611.01576.

Brillas, E., & Martínez-Huitle, C. A. (2015). Decontamination of wastewaters containing synthetic organic dyes by electrochemical methods. Uaktualniony przegląd. Applied Catalysis B, 166, 603-643.

Brindha, R., Muthuselvam, P., Senthilkumar, S., & Rajaguru, P. (2018). Fe0 katalizowany proces fotofentonowy do detoksykacji biodegradowanych produktów zaprawy barwnikowej azowej 10. Chemosfera, 201, 77-95.

Buice, M. A., & Chow, C. C. (2013). Dynamic finite size effects in spiking neural networks. PLoS Computational Biology, 9(1), e1002872.

Burello, E., & Rothenberg, G. (2006). In silico design in homogeneous catalysis using descriptor modeling. International Journal of Molecular Sciences, 7(9), 375-404.

Bystrov, V., Piccirillo, C., Tobaldi, D., Castro, P., Coutinho, J., Kopyl, S., et al. (2016). Oxygen vacancies, the optical band gap (eg) and photocatalysis of hydroxyapatite: comparing modeling with measured data. Applied Catalysis B, 196, 100-107.

Cabrera, A., Poznyak, A., Poznyak, T., & Aranda, J. (2002). Identification of a fed- batch fermentation process: Porównanie eksperymentów obliczeniowych i laboratoryjnych. Bioprocess and Biosystems Engineering, 24(5), 319-327.

Camel, V., & Bermond, A. (1998). Zastosowanie ozonu i związanych z nim procesów utleniania w uzdatnianiu wody pitnej. Water Research, 32(11), 3208-3222.

de Canete, J. F., del Saz-Orozco, P., Baratti, R., Mulas, M., Ruano, A., & Garcia-Cerezo, A. (2016). Soft-sensingowa ocena stężenia ścieków w biologicznej oczyszczalni ścieków przy użyciu optymalnej sieci neuronowej. Expert Systems with Applications, 63, 8-19.

Cao, W., Wang, X., Ming, Z., & Gao, J. (2018). Recenzja o sieciach neuronowych z przypadkowymi wagami. Neurocomputing, 275, 278-287.

Carrillo-Nieves, D., Alanís, M.J.R., de la Cruz Quiroz, R., Ruiz, H.A., Iqbal, H.M., & Parra-Saldívar, R. (2019). Current status and future trends of bioethanol production from agro-industrial wastes in mexico. Renewable and Sustainable Energy Reviews, 102, 63-74.

Cerniglia, C. E. (1993). Biodegradacja wielopierścieniowych węglowodorów aromatycznych. Current Opinion in Biotechnology, 4(3), 331-338.

Chandar, S., Khapra, M. M., Larochelle, H., & Ravindran, B. (2016). Korelacyjne sieci neuronowe. Obliczenia neuronowe, 28(2), 257-285.

Chandrasekaran, M., Muralidhar, M., Krishna, C. M., & Dixit, U. (2010). Application of soft computing techniques in machining performance prediction and optimization: a literature review. The International Journal of Advanced Manufacturing Technology, 46(5-8), 445-464.

Chávez, A., Gimeno, O., Rey, A., Pliego, G., Oropesa, A., & Álvarez, P. (2019). Oczyszczanie silnie zanieczyszczonych ścieków przemysłowych za pomocą sekwencyjnego tlenowego utleniania biologicznego aopsa na bazie ozonu. Chemical Engineering Journal, 361, 89-98.

Chen, F.-C. (1990). Sieci neuronowe z propagacją wsteczną do nieliniowej samostrajającej się kontroli adaptacyjnej. IEEE Control Systems Magazine, 10(3), 44-48.

Cheng, J. (2017). Biomasa do procesów energii odnawialnej. Prasa CRC.

Cheng, L., Liu, W., Hou, Z.-G., Yu, J., & Tan, M. (2015). Neuronosieciowy, nieliniowy model sterowania predykcyjnego siłowników piezoelektrycznych. IEEE Transactions on Industrial Electronics, 62(12), 7717-7727.

Çinar, Ö., Hasar, H., & Kinaci, C. (2006). Modelowanie zanurzonego bioreaktora membranowego oczyszczającego ścieki z serwatki serowej za pomocą sztucznej sieci neuronowej. Journal of Biotechnology, 123(2), 204-209.

Ciresan, D. C., Meier, U., Masci, J., Gambardella, L. M., & Schmidhuber, J. (2011). Elastyczne, wysokiej jakości konwolucyjne sieci neuronowe do klasyfikacji obrazów. Dwudziesta druga międzynarodowa wspólna konferencja poświęcona sztucznej inteligencji.

Cong, Q., & Yu, W. (2018). Zintegrowany czujnik miękki z falową siecią neuronową i fuzją adaptacyjną ważoną w celu oszacowania jakości wody w procesie oczyszczania ścieków. Pomiar, 124, 436-446.

Cunha, D. L., de Araujo, F. G., & Marques, M. (2016). Photolysis and heterogeneous photocatalysis for removal of emerging pollutants from water. Linnaeus Eco-Tech. 187–187

Daghrir, R., Drogui, P., & Robert, D. (2013). Modified TiO2 for environmental photocatalytic applications: a review. Industrial & Engineering Chemistry Research, 52(10), 3581-3599.

De Nevers, N. (2010). Air pollution control engineering. Prasa falista. Deng, L., Yu, D., et al. (2014). Deep learning: methods and applications. Fundations and Trends® in Signal Processing, 7(3-4), 197-387.

Do Nascimento, C. A., Oliveros, E., & Braun, A. M. (1994). Modelowanie sieci neuronowych dla procesów fotochemicznych. Chemical Engineering and Processing, 33(5), 319-324.

Dochain, D., Babary, J.-P., & Tali-Maamar, N. (1992). Modelowanie i adaptacyjne sterowanie bioreaktorami o nieliniowych parametrach rozproszonych poprzez ortogonalną kolokację. Automatica, 28(5), 873-883.

Dowla, F. U., & Rogers, L. L. (1995). Solving problems in environmental engineering and geosciences with artificial neural networks. Mit Press

. Droste, R. L., & Gehr, R. L. (2018). Theory and practice of water and wastewater treatment. John Wiley & Sons.

Elman, J. L. (1993). Uczenie się i rozwój w sieciach neuronowych: Znaczenie rozpoczynania małych. Cognition, 48(1), 71-99.

Etacheri, V., Di Valentin, C., Schneider, J., Bahnemann, D., & Pillai, S. C. (2015). Widoczna aktywacja światła fotokatalizatorów TiO2: Postępy w teorii i eksperymentach. Journal of Photochemistry and Photobiology C., 25, 1-29.

Fagan, R., McCormack, D. E., Dionysiou, D. D., & Pillai, S. C. (2016). A review of solar and visible light active TiO2 photocatalysis for treating bacteria, cyanotoxins and contaminants of emerging concern. Materials Science in Semiconductor Processing, 42, 2-14.

Fatta-Kassinos, D., Vasquez, M., & Kümmerer, K. (2011). Transformacja produktów farmaceutycznych w wodach powierzchniowych i ściekach powstających podczas fotolizy i zaawansowanych procesów utleniania - degradacja, wyjaśnianie produktów ubocznych i ocena ich potencji biologicznej. Chemosfera, 85(5), 693- 709.

Fuchs, G., Boll, M., & Heider, J. (2011). Microbial degradation of aromatic compoundsâfrom one strategy to four. Nature Reviews Microbiology, 9(11), 803.

Gadhe, A., Sonawane, S. S., & Varma, M. N. (2015). Enhanced biohydrogen production from dark fermentation of complex dairy wastewater by sonolysis. International Journal of Hydrogen Energy, 40(32), 9942-9951.

Gao, J., & You, F. (2015). Optymalne projektowanie i obsługa sieci łańcucha dostaw w zakresie gospodarki wodnej przy wydobyciu gazu łupkowego: Model Milfp i algorytmy dla nexusa wodno-energetycznego. AIChE Journal, 61(4), 1184-1208.

Garcia-Becerra, F. Y., & Ortiz, I. (2018). Biodegradacja powstających organicznych mikrozanieczyszczeń w niekonwencjonalnym biologicznym oczyszczaniu ścieków: Przegląd krytyczny. Environmental Engineering Science, 35(10), 1012-1036.

Gershenson, C. (2003). Sztuczne sieci neuronowe dla początkujących. arXiv preprint arXiv:cs/0308031.

Ghosh, S., Dairkee, U. K., Chowdhury, R., & Bhattacharya, P. (2017). Wodór z odpadów z przetwórstwa spożywczego poprzez fotofermentację z wykorzystaniem fioletowych bakterii bezsiarkowych (PNSB) - przegląd. Energy Conversion and Management, 141, 299-314.

GilPavas, E., Dobrosz-Gómez, I., & Gómez-García, M. Á. (2018). Optymalizacja sekwencyjnej koagulacji chemicznej - proces elektroutleniania do oczyszczania przemysłowych ścieków tekstylnych. Journal of water process engineering, 22, 73-79.

Giwa, A., Daer, S., Ahmed, I., Marpu, P., & Hasan, S. (2016). Experimental investigation and artificial neural networks ANNs modeling of electrically-enhanced membrane bioreactor for wastewater treatment. Journal of Water Process Engineering, 11, 88-97.

Glorot, X., & Bengio, Y. (2010). Understanding the difficulty of training deep feedforward neural networks. In Proceedings of the thirteenth international conference on artificial intelligence and statistics (pp. 249-256).

Goi, A., & Trapido, M. (2004). Degradacja wielopierścieniowych węglowodorów aromatycznych w glebie: Odczynnik Fentona kontra ozonowanie. Environmental Technology, 25(2), 155-164.

Goodwin, G. C., & Mayne, D. Q. (1987). A parameter estimation perspective of continuous time model reference adapttive control. Automatica, 23(1), 57-70.

Govindaraju, R. S., & Rao, A. R. (2013). Sztuczne sieci neuronowe w hydrologii: 36. Springer Science & Business Media.

Grymonpre, D. R., Finney, W. C., & Locke, B. R. (1999). Aqueous-phase pulsed streamer corona reactor using suspended activated carbon particles for phenol oxidation: model-data comparison. Chemical Engineering Science, 54(15), 3095-3105.

Hamed, M. M., Khalafallah, M. G., & Hassanien, E. A. (2004). Prediction of wastewater treatment plant performance using artificial neural networks. Environmental Modelling & Software, 19(10), 919-928.

Han, H.-G., Zhang, L., Liu, H.-X., & Qiao, J.-F. (2018). Wielocelowy projekt sterownika sieci rozmytej sieci neuronowej dla procesu oczyszczania ścieków. Zastosowany Soft Computing, 67, 467-478.

Hang, Y., Qu, M., & Ukkusuri, S. (2011). Optymalizacja projektowania układu chłodzenia słonecznego przy użyciu centralnych technik projektowania kompozytowego. Energy and Buildings, 43(4), 988-994.

Hansch, C., & Fujita, T. (1964). p-σ - π analysis. a method for the correlation of biological activity and chemical structure. Journal of the American Chemical Society, 86(8), 1616-1626.

Hardiman, T., Meinhold, H., Hofmann, J., Ewald, J. C., Siemann-Herzberg, M., & Reuss, M. (2010). Prediction of kinetic parameters from dna-binding site sequences for modeling global transcription dynamics in escherichia coli. Metabolic Engineering, 12(3), 196-211.

Haritash, A., & Kaushik, C. (2009). Biodegradation aspects of polycyclic aromatic hydrocarbons (pahs): A review. Journal of Hazardous Materials, 169(1), 1-15.

Hassani, A., Khataee, A., Fathinia, M., & Karaca, S. (2018). Fotokatalityczne ozonowanie cyprofloksacyny z roztworu wodnego przy użyciu nanokompozytu TiO2/mmt: Nieliniowe modelowanie i optymalizacja procesu poprzez sztuczną sieć neuronową zintegrowany algorytm genetyczny. Bezpieczeństwo procesu i ochrona środowiska, 116, 365-376.

Haykin, S. (1994). Sieci neuronowe. Kompleksowa fundacja. Nowy Jork: IEEE Press. Haykin, S. (2009). Sieci neuronowe i maszyny do nauki.

Prentice Hall. Hernandez-Mejia, G., Alanis, A. Y., & Hernandez-Vargas, E. A. (2018). Neuronowe sterowanie odwrotne optymalne dla układów impulsowych w czasie dyskretnym. Neurocomputing, 314, 101-108.

Hertz, J. A. (2018). Wprowadzenie do teorii obliczeń neuronowych. CRC Press.

Hoffmann, M. R., Martin, S. T., Choi, W., & Bahnemann, D. W. (1995). Environmental applications of semiconductor photocatalysis. Chemical Reviews, 95(1), 69-96.

Hoigne, J., & Bader, H. (1983). Stałe stężenia reakcji ozonu ze związkami organicznymi i nieorganicznymi w wodzie-i. Water Research, 17, 173-183.

Hoigné, J., & Bader, H. (1983). Stałe stężenia reakcji ozonu ze związkami organicznymi i nieorganicznymi w pasztetach wodnych: Nie dysocjujące związki organiczne. Water Research, 17(2), 173-183.

Hopfield, J. J. (1982). Sieci neuronowe i systemy fizyczne o pojawiających się zbiorowych zdolnościach obliczeniowych. Postępowanie Narodowej Akademii Nauk, 79(8), 2554-2558.

Hsieh, H.-Y., & Tang, K.-T. (2012). Vlsi wdrożenie bio-inspirowanej węchowej sieci neuronów kolczastych. IEEE Transactions on Neural Networks and Learning Systems, 23(7), 1065-1073.

Hunter, D., Yu, H., Pukish III, M. S., Kolbusz, J., & Wilamowski, B. M. (2012). Selection of proper neural network sizes and architecturesâa comparative study. IEEE Transactions on Industrial Informatics, 8(2), 228-240.

Hussain, M., & Kershenbaum, L. (2000). Implementation of an inverse-model-based control strategy using neural networks on a partially simulated exothermic reactor. Chemical Engineering Research and Design, 78(2), 299-311.

Ioannou, P., & Sun, J. (1996). Solidna kontrola adaptacyjna. Prentice Hall. Jans, U., & Hoigné, J. (1998). Węgiel aktywny i czerń węglowa katalizowały przemianę wodnego ozonu w oh-radicals. Nauka i inżynieria oazonowa.

Jha, P., Kana, E., & Schmidt, S. (2017). Czy metodologia sztucznych sieci neuronowych i powierzchni reakcji może wiarygodnie przewidzieć produkcję wodoru i usuwanie dorsza w bioreaktorze uasb? International Journal of Hydrogen Energy, 42(30), 18875-18883.

Ji, S., Xu, W., Yang, M., & Yu, K. (2013). Trójwymiarowe konwulsyjne sieci neuronowe do rozpoznawania ludzkich działań. IEEE Transactions on Pattern Analysis and Machine Intelligence, 35(1), 221-231.

Jordan, M. I. (1996). Komputerowe aspekty sterowania ruchem i uczenia się silników. Handbook of Perception and Action, 2, 71-120. Jorjani, E., Chelgani, S. C., & Mesroghli, S. (2008). Application of artificial neural networks to predict chemical desulfurisation of tabas coal. Fuel, 87(12), 2727- 2734.

Kar, A. K. (2016). Bioinspirowane obliczenia - przegląd algorytmów i zakresu zastosowań. Expert Systems with Applications, 59, 20-32.

Karayiannis, N., & Venetsanopoulos, A. N. (2013). Artificial neural networks: learning algorithms, performance evaluation, and applications: 209. Springer Science & Business Media.

Kasabov, N. K. (1996). Podstawy sieci neuronowych, systemów rozmytych i inżynierii wiedzy. Marcel Alencar.

Kermani, B. G., Schiffman, S. S., & Nagle, H. T. (2005). Performance of the Levenberg-Marquardt neural network training method in electronic nose applications. Sensors and Actuators B, 110(1), 13-22.

Kessy, H. N., Wang, K., Zhao, L., Zhou, M., & Hu, Z. (2018). Wzbogacanie i biotransformacja związków fenolowych z perykarpu litchi o aktywności inhibicji angiotensyny i konwertowania enzymu (ace). LWT, 87, 301-309.

Khashei, M., & Bijari, M. (2010). An artificial neural network (p, d, q) model for timeseries forecasting. Expert Systems with Applications, 37(1), 479-489.

Khataee, A., Dehghan, G., Zarei, M., Ebadia, E., & M. , P. (2011). Neural network modeling of biotreatment of triphenylmethane dyeye solution by a green macroalgae. Chemical Engineering Research and Design, 89, 172-178.

Khataee, A., Movafeghi, A., Torbati, S., Lisar, S. S., & Zarei, M. (2012). Phytoremediation potential of duckweed (lemna minor l.) in degradation of ci acid blue 92: Modelowanie sztucznej sieci neuronowej. Ecotoxicology and Environmental Safety, 80, 291-298.

Khongkliang, P., Kongjan, P., Utarapichat, B., Reungsang, A., & Sompong, O. (2017). Continuous hydrogen production from cassava starch processing wastewater by two-stage thermophilic dark fermentation and microbial electrolysis. International Journal of Hydrogen Energy, 42(45), 27584-27592.

Koller, M. (2018). A review on established and emerging fermentation schemes for microbial production of polyhydroxyalkanoate (pha) biopolyesters. Fermentacja, 4(2), 30.

Kong, Z., Vanrolleghem, P., Willems, P., & Verstraete, W. (1996). Simultaneous determination of inhibition kinetics of carbon oxidation and nitrification with a respirometer. Water Research, 30(4), 825-836.

Kumar, G., Sivagurunathan, P., Park, J.-H., & Kim, S.-H. (2015). Anaerobic digestion of food waste to methane at various organic loading rates (olrs) and hydraulic retention times (hrts): thermophilic vs. mesophilic regimes. Environmental Engineering Research, 21(1), 69-73.

Kurniawan, T. A., Lo, W.-H., & Chan, G. Y. (2006). Degradation of recalcitrant compounds from stabilized landfill leachate using a combination of ozone-gac adsorption treatment. Journal of hazardous materials, 137(1), 443-455.

Kwon, S., Fan, M., Cooper, A. T., & Yang, H. (2008). Fotokatalityczne zastosowania mikro- i nano-TiO2 w inżynierii środowiska. Critical Reviews in Environmental Science and Technology, 38(3), 197-226.

Lambert, R. M., Williams, F., Palermo, A., & Tikhov, M. S. (2000). Modelowanie promocji zasad w niejednorodnej katalityce: kontrola elektrochemiczna in situ reakcji katalitycznych. Tematy w katalizie, 13(1-2), 91-98.

Lan, S., Feng, J., Xiong, Y., Tian, S., Liu, S., & Kong, L. (2017). Działanie i mechanizm piezokatalitycznej degradacji 4-chlorofenolu: Znalezienie skutecznego odchlorowania piezoelektrycznego. Environmental science & technology, 51(11), 6560- 6569.

Landau, I. (1974). A survey of model reference adapttive techniquesâtheory and applications. Automatica, 10(4), 353-379.

Längkvist, M., Karlsson, L., & Loutfi, A. (2014). A review of unsupervised feature learning and deep learning for time-series modeling. Pattern Recognition Letters, 42, 11-24.

Larsson, G., Maire, M., & Shakhnarovich, G. (2016). Fractalnet: Ultra-głębokie sieci neuronowe bez pozostałości. arXiv preprint arXiv:1605.07648.

Laurinavichene, T., Tekucheva, D., Laurinavichius, K., & Tsygankov, A. (2018). Wykorzystanie ścieków z gorzelni do produkcji wodoru w jedno- i dwuetapowych procesach fotofermentacji. Enzyme and Microbial Technology, 110, 1-7.

Le, Q. V., Ngiam, J., Coates, A., Lahiri, A., Prochnow, B., & Ng, A. Y. (2011). O metodach optymalizacyjnych dla głębokiego uczenia się. In Proceedings of the 28th international conference on international conference on machine learning (str. 265-272).

Omnipress. LeCun, Y., Bengio, Y., & Hinton, G. (2015). Głębokie uczenie się. Natura, 521(7553), 436.

Ledakowicz, S., Michniewicz, M., Jagiella, A., Stufka-Olczyk, J., & Martynelis, M. (2006). Eliminacja kwasów żywicznych poprzez zaawansowane procesy utleniania i ich wpływ na późniejszą biodegradację. Water Research, 40(18), 3439-3446.

Levenspiel, O. (1980). Równanie monodalne: rewizja i uogólnienie do sytuacji hamowania produktów. Biotechnology and Bioengineering, 22(8), 1671-1687.

Li, Y., Liao, X., Huling, S. G., Xue, T., Liu, Q., Cao, H., et al. (2019). The combined effects of surfactant solubilization and chemical oxidation on the removal of polycyclic aromatic hydrocarbon from soil. Science of the Total Environment, 647, 1106-1112.

Liang, M., & Hu, X. (2015). Konwulsyjna sieć neuronowa do rozpoznawania obiektów. In Proceedings of the ieee conference on computer vision and pattern recognition (pp. 3367-3375).

Liao, S.-H., Chu, P.-H., & Hsiao, P.-Y. (2012). Techniki i zastosowania eksploracji danych - przegląd dekady od 2000 do 2011 roku. Expert Systems with Applications, 39(12), 11303-11311.

Linsebigler, A. L., Lu, G., & Yates Jr, J. T. (1995). Photocatalysis on TiO2 surfaces: principles, mechanisms, and selected results. Chemical Reviews, 95(3), 735-758.

Lipton, Z. C., Berkowitz, J., & Elkan, C. (2015). A critical review of recurrent neural networks for sequence learning. arXiv preprint arXiv:1506.00019.

Liu, B. (2016). Monte-carlo modelowanie fotokatalizy nano-materiałów: pomostowa aktywność fotokatalityczna i mikroskopijna kinetyka ładunku. Physical Chemistry Chemical Physics, 18(16), 11520-11527.

Lobos, J. H., Leib, T., & Su, T.-M. (1992). Biodegradacja bisfenolu a i innych bisfenoli przez bakterię tlenową gram-ujemną... Applied and Environmental Microbiology, 58(6), 1823-1831.

Lopez-Lopez, C., Martín-Pascual, J., Martínez-Toledo, M., Muñío, M., Hontoria, E., & Poyatos, J. (2015). Kinetic modelelling of toc removal by H2O2/uv, photo-fenton and heterogeneous photocatalysis processes to treat dye-containing wastewater. International Journal of Environmental Science and Technology, 12(10), 3255-3262.

Low, J., Cheng, B., & Yu, J. (2017). Modyfikacja powierzchni i zwiększona wydajność fotokatalitycznej redukcji Co2 TiO2: A recenzja. Applied Surface Science, 392, 658-686.

Luong, J. (1987). Generalizacja kinetyki monodowej do analizy danych wzrostu z hamowaniem substratów. Biotechnology and Bioengineering, 29(2), 242-248.

Méndez-Arriaga, F., Gimenez, J., & Esplugas, S. (2008). Photolysis and TiO2 photocatalytic treatment of naproxen: Degradacja, mineralizacja, półprodukty i toksyczność. Journal of Advanced Oxidation Technologies, 11(3), 435-444.

Miikkulainen, R., Liang, J., Meyerson, E., Rawal, A., Fink, D., Francon, O., et al. (2019). Ewoluujące głębokie sieci neuronowe. W sztucznej inteligencji w dobie sieci neuronowych i obliczeń mózgowych (str. 293-312). Elsevier.

Miotto, R., Wang, F., Wang, S., Jiang, X., & Dudley, J. T. (2017). Głęboka nauka dla opieki zdrowotnej: Przegląd, możliwości i wyzwania. Briefings in Bioinformatics, 19(6), 1236-1246.

Mirbagheri, S. A., Bagheri, M., Bagheri, Z., & Kamarkhani, A. M. (2015). Evaluation and prediction of membrane fouling in a submerged membrane bioreactor with simultaneous upward and downward aeration using artificial neural network- genetic algorithm. Process Safety and Environmental Protection, 96, 111-124.

Misra, J., & Saha, I. (2010). Sztuczne sieci neuronowe w sprzęcie: Badanie dwóch dekad postępu. Neurocomputing, 74(1-3), 239-255.

Miyamoto, H., Kawato, M., Setoyama, T., & Suzuki, R. (1988). Feedback-error-learningowa sieć neuronowa do kontroli trajektorii manipulatora robota... Sieci neuronowe, 1(3), 251-265.

Monier, E., Paltsev, S., Sokolov, A., Chen, Y.-H. H., Gao, X., Ejaz, Q., et al. (2018). Toward a consistent modeling framework to assess multi-sectoral climate impacts. Nature Communications, 9(1), 660.

Myers, R. H., Montgomery, D. C., & Anderson-Cook, C. M. (2016). Metodologia powierzchni reakcji: optymalizacja procesów i produktów przy użyciu zaprojektowanych eksperymentów.

John Wiley & Sons. Nagy, Z. K. (2007). Model based control of a yeast fermentation bioreactor using optimally designed artificial neural networks. Chemical Engineering Journal, 127(1-3), 95-109.

Nam, K., Rodriguez, W., & Kukor, J. J. (2001). Enhanced degradation of polycyclic aromatic hydrocarbons by biodegradation combined with a modified Fenton reaction. Chemosfera, 45(1), 11-20.

Narendra, K. S., & Mukhopadhyay, S. (1997). Sterowanie adaptacyjne z wykorzystaniem sieci neuronowych i modeli przybliżonych. Transakcje IEEE na sieciach neuronowych, 8(3), 475- 485.

do Nascimento, G. E., Napoleão, D. C., de Aguiar Silva, P. K., da Rocha Santana, R. M., Bastos, A. M. R., Zaidan, L. E. M. C., et al. (2018). Photo-assisted degradation, toxicological assessment, and modeling using artificial neural networks of reactive grey bf-2r dye. Water, Air, & Soil Pollution, 229(12), 379.

Nemerow, N. L., Agardy, F. J., & Salvato, J. A. (2009). Environmental engineering: prevention and response to water-, food-, soil-, and air-borne disease and illness.

Wiley. Nesbeth, D. N., Zaikin, A., Saka, Y., Romano, M. C., Giuraniuc, C. V., Kanakov, O., et al. (2016). Biologiczne drogi biologii syntetycznej do bio-sztucznej inteligencji. Essays in Biochemistry, 60(4), 381-391.

Noel, M. M., & Pandian, B. J. (2014). Control of a nonlinear liquid level system using a new artificial neural network based reinforcement learning approach. Applied Soft Computing, 23, 444-451.

Oh, W.-D., Dong, Z., & Lim, T.-T. (2016). Generacja siarczanowych rodników poprzez heterogeniczną katalizę do usuwania zanieczyszczeń organicznych: obecny rozwój, wyzwania i perspektywy. Applied Catalysis B, 194, 169-201.

de Oliveira, T. F., Chedeville, O., Fauduet, H., & Cagnon, B. (2011). Zastosowanie sprzężenia ozon/węgiel aktywowany do usuwania ftalanu dietylu z wody: Wpływ właściwości teksturalnych i chemicznych węgla aktywnego. Odsalanie, 276(1-3), 359-365.

Oller, I., Malato, S., & Sánchez-Pérez, J. (2011). Combination of advanced oxidation processes and biological treatments for wastewater decontaminationâa review. Science of the Total Environment, 409(20), 4141-4166.

Ong, C. B., Ng, L. Y., & Mohammad, A. W. (2018). Przegląd nanocząsteczek ZnO jako fotokatalizatorów słonecznych: Synteza, mechanizmy i zastosowania. Renewable and Sustainable Energy Reviews, 81, 536-551.

Ottosen, L. M., Christensen, I. V., Rörig-Dalgaard, I., Jensen, P. E., & Hansen, H. K. (2008). Utilisation of electromigration in civil and environmental engineeringâprocesses, transport rates and matrix changes. Journal of Environmental Science and Health Part A, 43(8), 795-809.

Oulton, R. L., Kohn, T., & Cwiertny, D. M. (2010). Pharmaceuticals and personal care products in wastewater matrices: a survey of transformation and removal during wastewater treatment and implications for wastewater management. Journal of Environmental Monitoring, 12(11), 1956-1978.

Ovtcharov, K., Ruwase, O., Kim, J.-Y., Fowers, J., Strauss, K., & Chung, E. S. (2015). Akceleracja głębokich konwulsyjnych sieci neuronowych przy użyciu specjalistycznego sprzętu. Microsoft Research Whitepaper, 2(11), 1-4.

Pahigian, J. M., & Zuo, Y. (2018). Occurrence, endocrine-related bioeffects and fate of bisphenol a chemical degradation intermediates and impurities: A review. Chemosphere, 207, 469-480.

Pandian, B. J., & Noel, M. M. (2018). Kontrola bioreaktora przy użyciu nowego, częściowo nadzorowanego algorytmu uczenia się wzmocnienia. Journal of Process Control, 69, 16-29.

Pappu, J. S. M., & Gummadi, S. N. (2016). Modeling and simulation of xylitol production in bioreactor by debaryomyces nepalensis ncyc 3413 using unstructured and artificial neural network models. Bioresource Technology, 220, 490-499.

Parki, P. (1966). Liapunov przeprojektował wzorcowe adaptacyjne układy sterowania. IEEE Transactions on Automatic Control, 11(3), 362-367.

Pastore, C., Barca, E., Del Moro, G., Di Iaconi, C., Loos, M., Singer, H., et al. (2018). Comparison of different types of landfill leachate treatment by employment of nontarget screening to identify residual refractory organics and principal component analysis. Science of the Total Environment, 635, 984-994.

Patino, H. D., & Liu, D. (2000). System adaptacyjnego sterowania adaptacyjnego modelu referencyjnego opartego na sieci neuronowej. IEEE Transactions on Systems, Man, and Cybernetics, Part B (Cybernetics), 30(1), 198-204.

Pavel, L. V., & Gavrilescu, M. (2008). Przegląd technik dekontaminacji gleby exsitu. Environmental Engineering & Management Journal (EEMJ), 7(6).

Pendashteh, A. R., Fakhruâl-Razi, A., Chaibakhsh, N., Abdullah, L. C., Madaeni, S. S., & Abidin, Z. Z. (2011). Modeling of membrane bioreactor treating hypersaline oily wastewater by artificial neural network. Journal of Hazardous Materials, 192(2), 568-575.

Pera-Titus, M., Garcia-Molina, V., Baños, M. A., Giménez, J., & Esplugas, S. (2004). Degradacja chlorofenoli za pomocą zaawansowanych procesów utleniania: przegląd ogólny. Applied Catalysis B, 47(4), 219-256.

Pereira, V. J., Weinberg, H. S., Linden, K. G., & Singer, P. C. (2007). Uv degradation kinetics and modeling of pharmaceutical compounds in laboratory grade and surface water via direct and indirect photolysis at 254 nm. Environmental Science & Technology, 41(5), 1682-1688.

Pérez, A., Rodríguez-Santillan, J. L., Galicia, A., Chairez, I., & Poznyak, T. (2018). Strategia recyklingu wody zanieczyszczonej czernią reaktywną 5 w obecności dodatków poddanych prostej ozonacji. Ozonowanie, (właśnie przyjęte).

Pershin, Y. V., & Di Ventra, M. (2010). Eksperymentalna demonstracja pamięci skojarzonej z pamięcią sieci neuronowych. Sieci neuronowe, 23(7), 881-886.

Polyak, B., & Sherbakov, P. (2002). Solidna stabilność i kontrola. Moskwa, Rosja: Nauka.

Poznyak, A., Polyakov, A., & Azhmyakov, V. (2014). Atrakcyjne elipsoidy w solidnej kontroli. Springer.

Poznyak, A., Sanchez, E., & Yu, W. (2001). Differential neural networks for robust nonlinear control (Identification, state estimation and trajectory tracking). World Scientific.

Poznyak, A., Yu, W., SĂ¡nchez, E., & PĂl'rez, J. (1998). Analiza stabilności dynamicznych sieci neuronowych. Expert Systems and Applications, 14(1), 227-236.

Poznyak, A. S. (2008). Zaawansowane narzędzia matematyczne dla inżynierów sterowania automatycznego. Vol. 1: Techniki deterministyczne. Elsevier. Poznyak, T., & Araiza G, B. (2005). Ozonowanie niebiodegradowalnych mieszanin fenolu i pochodnych naftalenu w ściekach garbarskich. Ozonowanie mieszanin nieulegających biodegradacji fenolu i pochodnych naftalenu w ściekach garbarskich. 27(5), 351-357.

Poznyak, T., Chairez, I., & Poznyak, A. (2019). Ozonowanie i biodegradacja w inżynierii środowiska, dynamiczne podejście do sieci neuronowych. Elsevier.

Poznyak, T. I., Manzo, A., & Mayorga, J. L. (2003). Eliminacja chlorowanych nienasyconych węglowodorów z wody poprzez ozonowanie: Symulacja i porównanie danych doświadczalnych. Revista de la Sociedad Química de México, 47(1), 58-65.

Radac, M.-B., & Precup, R.-E. (2018). Bezdotykowa kontrola poślizgu układu przeciwblokującego z wykorzystaniem wzmocnienia q-learningowego. Neurocomputing, 275, 317-329.

Rao, C. (2007). Inżynieria kontroli zanieczyszczeń środowiska. New Age International. Razumovskii, S. D., & Zaikov, G. E. (1984). Ozon i jego reakcje ze związkami organicznymi. Ozon i jego reakcje ze związkami organicznymi. Elsevier.

Reible, D. (2017). Podstawy inżynierii środowiska. CRC Press.

Rivas, F. J. (2006). Policykliczne węglowodory aromatyczne sorbowane na glebach: krótki przegląd obróbki opartej na utlenianiu chemicznym. Journal of Hazardous Materials, 138(2), 234-251.

Rodríguez, J. L., Fuentes, I., Aguilar, C. M., Valenzuela, M. A., Poznyak, T., & Chairez, I. (2018). Ozonowanie katalityczne jako obiecująca technologia do zastosowania w uzdatnianiu wody: Zalety i ograniczenia. Ozonowanie w przyrodzie i praktyce. IntechOpen.

Rojas, R. (2013). Sieci neuronowe: systematyczne wprowadzenie. Springer Science & Business Media.

Roy, P., Periasamy, A. P., Liang, C.-T., & Chang, H.-T. (2013). Synteza nanokompozytów grafenowo-ZnO-au w celu efektywnej fotokatalitycznej redukcji nitrobenzenu. Environmental Science & Technology, 47(12), 6688-6695.

Rueda-Márquez, J., Sillanpää, M., Pocostales, P., Acevedo, A., & Manzano, M. (2015). Oczyszczanie wtórne biologicznie oczyszczonych ścieków zawierających zanieczyszczenia organiczne przy użyciu sekwencji zaawansowanych procesów utleniania na bazie H2O2: fotolizy i katalitycznego utleniania na mokro. Water Research, 71, 85-96.

Samarasinghe, S. (2016a). Sieci neuronowe dla nauk stosowanych i inżynierii: od podstaw do kompleksowego rozpoznawania wzorców. Publikacje Auerbacha. Samarasinghe, S. (2016b). Sieci neuronowe dla nauk stosowanych i inżynieryjnych: od podstaw do kompleksowego rozpoznawania wzorców: Od podstaw do kompleksowego rozpoznawania wzorców. Publikacje Auerbacha.

Sanches, S., Leitão, C., Penetra, A., Cardoso, V., Ferreira, E., Benoliel, M., et al. (2011). Direct photolysis of polycyclic aromatic hydrocarbons in drinking water sources. Journal of Hazardous Materials, 192(3), 1458-1465.

Sánchez-Polo, M., Leyva-Ramos, R., & Rivera-Utrilla, J. (2005). Kinetyka ozonowania kwasu 1, 3, 6-naftaleno-etrisulfonowego w obecności węgla aktywnego. Carbon, 43(5), 962-969.

Saravanan, R., Khan, M. M., Gupta, V. K., Mosquera, E., Gracia, F., Narayananan, V., et al. (2015). ZnO/Ag/CdO nanokompozyt do wywołanej światłem widzialnym fotokatalitycznej degradacji ścieków z przemysłowych wyrobów włókienniczych. Journal of Colloid and Interface Science, 452, 126-133.

Sastry, S., & Bodson, M. (1994). Kontrola adaptacyjna: stabilność, konwergencja i solidność. Prentice-Hall, Nowy Jork.

Schmidhuber, J. (2015). Głębokie uczenie się w sieciach neuronowych: Przegląd. Sieci neuronowe, 61, 85-117.

Schmitt, F., Banu, R., Yeom, I.-T., & Do, K.-U. (2018). Development of artificial neural networks to predict membrane fouling in an anoxic-aerobic membrane bioreactor treating domestic wastewater. Biochemical Engineering Journal, 133, 47- 58.

Schmitt, F., & Do, K.-U. (2017). Przewidywanie zanieczyszczenia membranowego przy użyciu sztucznych sieci neuronowych dla ścieków oczyszczanych przy użyciu technologii bioreaktorów membranowych: wąskie gardła i możliwości. Environmental Science and Pollution Research, 24(29), 22885-22913.

Serpone, N., Artemev, Y. M., Ryabchuk, V. K., Emeline, A. V., & Horikoshi, S. (2017). Light-driven advanced oxidation processes in the disposal of emerging pharmaceutical contaminants in aqueous media: a brief review. Current Opinion in Green and Sustainable Chemistry, 6, 18-33.

Shanmuganathan, S. (2016). Sztuczne modelowanie sieci neuronowej: Wprowadzenie. W sztucznym modelowaniu sieci neuronowej (s. 1-14). Springer.

Shannon, M. A., Bohn, P. W., Elimelech, M., Georgiadis, J. G., Marinas, B. J., & Mayes, A. M. (2010). Science and technology for water purification in the coming decades. W Nanonauce i technice: Zbiór recenzji z czasopism przyrodniczych (s. 337-346). World Scientific.

Sheela, K. G., & Deepa, S. N. (2013). Przegląd metod ustalania liczby ukrytych neuronów w sieciach neuronowych. Problemy matematyczne w inżynierii, 2013.

Shemer, H., & Linden, K. G. (2007). Photolysis, oxidation and subsequent toxicity of a mixture of polycyclic aromatic hydrocarbons in natural waters. Journal of Photochemistry and Photobiology A, 187(2), 186-195.

Shi, S., & Xu, G. (2018). Nowatorski model przewidywania wydajności systemu biofilmu oczyszczającego ścieki domowe oparty na sieci głębokiego uczenia się z wykorzystaniem autokoderów denoisingowych. Chemical Engineering Journal, 347, 280-290.

Silva, A. M., Nouli, E., Xekoukoulotakis, N. P., & Mantzavinos, D. (2007). Effect of key operating parameters on phenols degradation during H2O2-assisted TiO2 photocatalytic treatment of simulated and actual olive mill wastewaters. Applied Catalysis B, 73(1-2), 11-22.

Silva, M., Coelho, M., & Araújo, O. (2018). Minimalizacja zawartości fenolu i azotu amoniakalnego w ściekach rafineryjnych z wykorzystaniem oczyszczania biologicznego. Engenharia Termica, 1(2), 33-37.

Sözen, A., Arcaklioglu, ˘ E., & Özalp, M. (2004). Estimation of solar potential in Turkey by artificial neural networks using meteorological and geographical data. Energy Conversion and Management, 45(18-19), 3033-3052.

Suthersan, S. S., Horst, J., Schnobrich, M., Welty, N., & McDonough, J. (2016). Inżynieria naprawcza: Koncepcje projektowe. CRC Press.

Suykens, J. A., Vandewalle, J. P., & de Moor, B. L. (2012). Sztuczne sieci neuronowe do modelowania i sterowania systemami nieliniowymi. Springer Science & Business Media.

Suzuki, K. (2011). Artificial neural networks: methodological advances and biomedical applications. BoD-Books on Demand.

Swanson, N. R., & White, H. (1995). Modelowe podejście do oceny informacji w pojęciowej strukturze przy użyciu modeli liniowych i sztucznych sieci neuronowych. Journal of Business & Economic Statistics, 13(3), 265-275.

Tian, Y., Zhang, J., & Morris, J. (2002). Optimal control of a fed-batch bioreactor based on an augmented recurrent neural network model. Neurocomputing, 48(1-4), 919-936.

Turolla, A., Piazzoli, A., Budarz, J. F., Wiesner, M. R., & Antonelli, M. (2015). Experimental measurement and modeling of reactive species generation in Tio2 nanoparticle photocatalysis. Chemical Engineering Journal, 271, 260-268.

Ungar, L. H. (1995). 16 a bioreaktor benchmarking for adapttive net work-based process control. In Neural networks for control (pp. 387-402).

Valdramidis, V., Belaubre, N., Zuniga, R., Foster, A., Havet, M., Geeraerd, A., et al. (2005). Development of predictive modelelling approaches for surface temperature and associated microbiological inactivation during hot dry air decontamination. International Journal of Food Microbiology, 100(1-3), 261-274.

Valentinotti, S., Srinivasan, B., Holmberg, U., Bonvin, D., Cannizzaro, C., Rhiel, M., et al. (2003). Optimal operation of fed-batch fermentations via adaptive control of overflow metabolit. Control Engineering Practice, 11(6), 665-674.

Vazquez-Rodriguez, G., Youssef, C. B., & Waissman-Vilanova, J. (2006). Dwuetapowe modelowanie biodegradacji fenolu przez aklimatyzowany osad czynny. Chemical Engineering Journal, 117(3), 245-252.

Vinod, A. V., Kumar, K. A., & Reddy, G. V. (2009). Symulacja procesu biodegradacji w bioreaktorze ze złożem fluidalnym z wykorzystaniem algorytmu genetycznego przeszkolonej sieci neuronowej typu feedforward. Biochemical Engineering Journal, 46(1), 12-20.

Walczak, S. (2019). Sztuczne sieci neuronowe. In Advanced methodologies and technologies in artificial intelligence, computer simulation, and human-computer interaction (pp. 40-53).

IGI Global. Wang, T., Gao, H., & Qiu, J. (2015). Połączona adaptacyjna sieć neuronowa i nieliniowy model sterowania predykcyjnego dla wieloprzepływowej kontroli procesów przemysłowych połączonych w sieć. IEEE Transactions on Neural Networks and Learning Systems, 27(2), 416-425.

Wen, J., Li, X., Liu, W., Fang, Y., Xie, J., & Xu, Y. (2015). Podstawy fotokatalizy i modyfikacja powierzchni nanomateriałów TiO2. Chinese Journal of Catalysis, 36(12), 2049-2070.

Wert, E. C., Rosario-Ortiz, F. L., Drury, D. D., & Snyder, S. A. (2007). Formation of oxidation byproducts from ozonation of wastewater. Water Research, 41(7), 1481-1490.

Xu, L., Ren, J. S., Liu, C., & Jia, J. (2014). Deep convolutional neural network for image deconvolution. In Advances in neural information processing systems (pp. 1790-1798).

Yamanè, T., & Shimizu, S. (1984). Techniki paszowe w procesach mikrobiologicznych. W kontroli parametrów procesu biologicznego (s. 147-194). Springer.

Yang, H., & Liu, J. (2018). Metoda adaptacyjnej kontroli sieci neuronowej rbf dla klasy systemów nieliniowych. IEEE/CAA Journal of Automatica Sinica, 5(2), 457-462.

Yang, L., Si, B., Martins, M. A., Watson, J., Chu, H., Zhang, Y., et al. (2018). Improve the biodegradability of post-hydrothermal liquefaction wastewater with ozon: conversion of phenols and n-heterocyclic compounds. Water Science and Technology, 2017(1), 248-255.

Yang, S. X., Zhu, A., Yuan, G., & Meng, M. Q.-H. (2011). Bioinspirowane neurodynamiczne podejście do kontroli śledzenia robotów mobilnych. IEEE Transactions on Industrial Electronics, 59(8), 3211-3220.

Yordanov, R., Melvin, M., Law, S., Littlejohn, J., & Lamb, A. (1999). Effect of ozone pre-treatment of coloured upland water on some biological parameters of sand filters. Ozon, 21(6), 615-628.

Yoshida, H., Miyashita, Y., & Sasaki, S.-i. (1996). Modelowanie halometanów przy użyciu sieci neuronowych. Chemometrics and Intelligent Laboratory Systems, 32(2), 193-199.

Młody, P. (1998). Modelowanie mechanistyczne oparte na danych systemów środowiskowych, ekologicznych, ekonomicznych i inżynieryjnych. Modelowanie środowiskowe i oprogramowanie, 13(2), 105-122.

Zainab, R., Vijayaraghavalu, S., Prasad, H. K., & Kumar, M. (2019). Oczyszczanie i recykling ścieków z przemysłu mleczarskiego. In R. Singh, & R. Singh (Eds.), Advances in Biological Treatment of Industrial Wasteewater and their Recycling for a Sustainable Future. Stosowane nauki środowiskowe i inżynieria dla zrównoważonej przyszłości. Singapur: Springer.

Zhao, Z., Lou, Y., Chen, Y., Lin, H., Li, R. i Yu, G. (2019). Prediction of interfacial interactions related with membrane fouling in a membrane bioreactor based on radial basis function artificial neural network (ANN). Technologia zasobów biologicznych.

Zheng, S., Jayasumana, S., Romera-Paredes, B., Vineet, V., Su, Z., Du, D., et al. (2015). Warunkowe pola losowe jako rekurencyjne sieci neuronowe. In Proceedings of the ieee international conference on computer vision (pp. 1529-1537).

Zhou, Y., Li, G., Dong, J., Xing, X.-h., Dai, J., & Zhang, C. (2018). Miya, an efficient machinee-learning workflow in conjunction with the yeastfab assembly strategy for combinatorial optimization of heterologous metabolic pathways in saccharomyces cerevisiae. Metabolic Engineering, 47, 294-302.

Zielinska, ´ B., Grzechulska, J., Kalenczuk, ´ R. J., & Morawski, A. W. (2003). The pH influence on photocatalytic decomposition of organic colours over a11 and p25 titanium dioxide. Applied Catalysis B, 45(4), 293-300.

Zou, J., Han, Y., & So, S.-S. (2008). Przegląd sztucznych sieci neuronowych. W Sztucznych Sieciach Neuronowych (s. 14-22). Springer.

Shiliang Liu, Wenping Li. 2019. Analiza wrażliwości wskaźników dla geologicznych wzorców inżynieryjno-środowiskowych spowodowanych przez podziemne wydobycie węgla z integracją teorii zmiennej masy i ulepszonym modelem wydłużenia materii. Science of the Total Environment, Volume 686, 10 October 2019, Pages 606-618.

Xiaodan Chen, Hao Wang, Husam Najm, Giri Venkiteela, John Hencken. 2019. Ocena właściwości inżynieryjnych i wpływu na środowisko przepuszczalnego betonu z popiołem lotnym i żużlem. Journal of Cleaner Production, Volume 237, 10 November 2019, Article 117714.

Bestami Özkaya, Anna H. Kaksonen, Erkan Sahinkaya, Jaakko A. Puhakka. 2019.bioreaktor ze złożem fluidalnym dla wielu rozwiązań inżynierii środowiska. Water Research, Volume 150, 1 March 2019, Pages 452-465.

Anna H.Kaksonen, Erkan Sahinkaya, Jaakko A.Puhakka,. 2018.bioreaktor ze złożem fluidalnym dla wielu rozwiązań inżynierii środowiska. Bestami Özkaya, https://doi.org/10.1016/j.watres.2018.11.061. Badania nad wodą. Tom 150, 1 marca 2019, strony 452-465.

Baotong Zhu, Yingying Chen, Na Wei.2019.Inżynieria materiałów biokatalitycznych i biosorpcyjnych do zastosowań środowiskowych. Trendy w biotechnologii, tom 37, wydanie 6, czerwiec 2019, strony 661-676.

Meng Zhang, Jun Gu, Yu Liu.2019. Wykonalność inżynieryjna, opłacalność ekonomiczna i zrównoważenie środowiskowe odzyskiwania energii z podtlenku azotu w biologicznej oczyszczalni ścieków. Bioresource Technology, Tom 282, czerwiec 2019, str. 514-519.

E. M. A. Strain, R. L. Morris, M. J. Bishop, E. Tanner. 2019.Budowa niebieskiej infrastruktury: Assessing the key environmental issues and priority areas for ecological engineering initiatives in Australia's metropolitan embayments. Journal of Environmental Management, Volume 230, 15 January 2019, Pages 488-496.

Podręcznik inżynierii środowiska EPA. JR Boulding - 2019 - content.taylorfrancis.com. Cecil Cross, Science Applications International Corporation (SAIC), Cincinnati, OH.

Inżynieria środowiskowa jako narzędzie zmniejszania ryzyka produkcji przemysłowej w regionie. E Afanasieva, O Koreva, V Tikhii - Science and Engineering, 2019 - iopscience.iop.org.

Saeed Ghaffari, Nasser Talebbeydokhti.2013.Status edukacji w zakresie inżynierii środowiska w różnych krajach w porównaniu z sytuacją w Iranie. Procedia - Nauki społeczne i behawioralne, tom 102, 22 listopada 2013 r., s. 591-600.

Nguyen, D. Q., & Pudlowski, Z. J. Przegląd edukacji w zakresie inżynierii środowiska w ostatniej dekadzie: perspektywa globalna. 2nd WIETE Annual Conference on Engineering and Technology Education, Pattaya, Thailand. 2011.

Poszukiwanie globalnego modelu edukacji w zakresie inżynierii środowiska Duyen Q. Nguyen Monash University Melbourne, Australia. World Transactions on Engineering and Technology Education. 2002 UICEE Vol.1, No.1, 2002.

ENVIRONMENTAL ENGINEERING EDUCATION IN IRAN: NEEDS, PROBLEMS AND SOLUTIONS Mohammad Reza Alavi Moghaddam* , Reza Maknoun, Ahmad Tahershamsi. Environmental Engineering and Management Journal November/December 2008, Vol.7, No.6, 775-779 http://omicron.ch.tuiasi.ro/EEMJ/. "Gheorghe Asachi" Technical University of Iasi, Rumunia.

Edukacja w zakresie inżynierii środowiska w Ameryce Północnej P.L. Bishop Department of Civil and Environmental Engineering, University of Cincinnati, P.O. Box 210071, Cincinnati, OH 45221-0071, USA. Water Science and Technology Vol 41 No 2 pp 9-16 © IWA Publishing 2000.

Amjad Kallel, Zeynal Abiddin Erguler, et al. 2018. Recent advances in Geo-Environmental Engineering, Geomechanics and Geotechnics, and Geohazards. Proceedings of the 1st Springer conference of the Arabian Journal of Geosciences (CAJG-1) , Tunisia 2018.

Carmen Teodosiu a , Anton Friedl b , Krzysztof Urbaniec c,*.2014. Raport z konferencji Raport z konferencji 7. Międzynarodowa Konferencja Inżynierii Środowiska i Zarządzania ICEEM07 . Spisy treści dostępne w ScienceDirect

Journal of Cleaner Production. Journal of Cleaner Production 67 (2014) 291e292.

Rozdział: An Environmental Engineering Case Study Engineering Standards for Forensic Application, 2019, strony 69-75. Richard W. McLay, Joel A. Miele.

Hterojunkcje projektowe i inżynieryjne do fotoelektrochemicznego monitoringu zanieczyszczeń środowiska: Przegląd. Kataliza stosowana B: Środowiskowa, Tom 248, 5 lipca 2019 r., Strony 405-422. Lei Shi, Yu Yin, Lai-Chang Zhang, Shaobin Wang, Hongqi Sun.

Noor Ezlin Ahmad Basri, Shahrom Md. Zain, Othman Jaafar, Hassan Basri, Fatihah Suja.2012. Wprowadzenie do inżynierii środowiska: Podejście do nauki oparte na problemach w celu zwiększenia świadomości ekologicznej wśród studentów inżynierii lądowej i wodnej. Procedury - Nauki społeczne i behawioralne, tom 60, 17 października 2012 r., s. 36-41.

Odpady z recyklingu piasku odlewniczego jako trwałego materiału budowlanego do wypełniania i układania rur: Inżynieria i ocena środowiskowa. Zrównoważone miasta i społeczeństwo, tom 28, styczeń 2017, strony 343-349.

Carmen Teodosiu, Francesc Castells. 2017. Inżynieria i zarządzanie środowiskiem, Postępy i wyzwania dla zrównoważonego rozwoju: Wprowadzenie do ICEEM08. Bezpieczeństwo procesów i ochrona środowiska, tom 108, maj 2017, str. 1-6.

Asher Brenner, Mordechaj Shacham, Michael B. Cutlip. 2005. Zastosowania pakietów oprogramowania matematycznego do modelowania i symulacji w edukacji inżynierskiej w zakresie ochrony środowiska. Environmental Modelling & Software, Volume 20, Issue 10, October 2005, Pages 1307-1313.

F. GutiéRrez-MartíN, M. F. Dahab. .1998. Zagadnienia zrównoważonego rozwoju i zapobiegania zanieczyszczeniom w edukacji w zakresie inżynierii środowiska. Water Science and Technology, Volume 38, Issue 11, 1998, str. 271-278.

Jozefina Drotarova, Monika Blistanova, 2015. Znaczenie i optymalizacja procesu edukacyjnego w zakresie zarządzania środowiskiem i inżynierii środowiska dla menedżerów bezpieczeństwa. Procedury - Nauki społeczne i behawioralne, tom 186, 13 maja 2015 r., str. 1050-1054.

Rao Bhamidimarri, Ken Butler. 1998. Edukacja w zakresie inżynierii środowiska w tysiącleciu: Zintegrowane podejście. Water Science and Technology, Volume 38, Issue 11, 1998, Pages 311-314.

Theo G. Schmitt, Peter A. Wilderer. 1996. Edukacja w zakresie inżynierii środowiska w Niemczech. Water Science and Technology, Volume 34, Issue 12, 1996, Pages 183-190.

Tsair-Fuh Lin, Veeriah Jegatheesan, Li Shu, Eldon Raj Rene. 2020. Challenges in Environmental Science/Engineering and Emerging Sustainable Practices for Future Water Conservation. Chemosfera, tom 238, styczeń 2020 r., artykuł 124591.

R. Van Der Vorst. 1994. Edukacja w zakresie inżynierii środowiska jako zagadnienie edukacji w zakresie kontroli. IFAC Proceedings Volumes, Volume 27, Issue 9, August 1994, Pages 65-68.

S. E. Mbuligwe . 2011. opcje dla różnych potrzeb inżynierii zdrowia środowiskowego: Uzasadnienie, technologie i praktyki. Encyklopedia zdrowia środowiskowego, 2011, s. 147-157.

R. Liang, G. Hota. 2013. 16: Kompozyty z polimerów wzmocnionych włóknem szklanym (FRP) w zastosowaniach inżynierii środowiska. Developments in Fiber-Reinforced Polymer (FRP) Composites for Civil Engineering, 2013, Pages 410-468.

T. F. H Allen, M. Giampietro, A. M Little. 2003.Odróżnienie inżynierii ekologicznej od inżynierii środowiskowej. Inżynieria ekologiczna, tom 20, wydanie 5, październik 2003, str. 389-407.

VUǴants E, Blumberga A, Ţjabs I, Timma L. Dynamika zastępowania technologii: przypadek dyfuzji ekoinnowacji. J Cleaner Production 2014; w ramach peer-review: 24 p.

Alan Manning.1992.Pragmatyczne możliwości oprzyrządowania i automatyzacji w ramach systemów inżynierii środowiska. ISA Transakcje, tom 31, wydanie 1, 1992, strony 9-15.

Rakesh Agrawal, Subhas K Sikdar. 2013. Energetyka i inżynieria środowiska. Current Opinion in Chemical Engineering, Volume 2, Issue 3, August 2013, Pages 271-272.

Marinus Otte. 2013. Wprowadzenie do inżynierii środowiska. Wskaźniki ekologiczne, tom 24, styczeń 2013, strona 82.

Vilas G Pol.2016. Przegląd redakcyjny: Energetyka i inżynieria środowiska: Nowoczesna efektywność energetyczna (E4). Current Opinion in Chemical Engineering, Volume 13, August 2016, Pages vii-viii.

Eugene P. Odum. 1994. Redakcja. Inżynieria ekologiczna i środowiskowa: Potencjał postępu. Inżynieria ekologiczna, Tom 3, wydanie 2, czerwiec 1994, str. 107-119.

B. J. Williams. 1995. Interfejsowe modele inżynierii środowiska z wykorzystaniem technik obiektowych. Environment International, Volume 21, Issue 5, 1995, Pages 753-756.

Wenqiang Sun, Xiandong Xu, Ziqiang Lv, Hujun Mao, Jianzhong Wu. 2019. Ocena oddziaływania na środowisko odprowadzania ścieków z wielozanieczyszczającymi substancjami z hutnictwa żelaza i stali. Journal of Environmental Management, Volume 245, 1 September 2019, Pages 210-215.

Lewis Clark. 1996. Rekultywacja wód gruntowych i podpowierzchniowych: Strategie badawcze dla technologii In-situ: Redakcja: Helmut Kobus, Baldur Barczewski i Hans-Peter Koschitsky. Environment Engineering Series, Springer-Verlag, 1996, ISBN 3-540-60916-4, 337 str. Cena DM 148,00. Zanieczyszczenie środowiska, Tom 94, wydanie 1, 1996, str. 101-102.

Kolibri 360 GmbH
Ferdinand-Jühlke-Straße 7
99095 Erfurt, Deutschland
produktsicherheit@kolibri360.de

Druck:
CPI Druckdienstleistungen GmbH
im Auftrag der
Kolibri 360 GmbH
Ferdinand-Jühlke-Str. 7
99095 Erfurt